跨版生活

# 金牌 營養師的
# 瘦身 私房菜

**28款瘦身菜式**
**22款健康小食飲品**
全部食譜由營養師
設計和分析

{ 編著 張翠芬 (美國註冊營養師)
　　　林思為 (澳洲註冊營養師) }

# 目錄

## 第二部份

### 50個輕鬆易煮的體重控制食譜

## 易煮瘦身家常菜

## 清怡湯水

## 低脂滋味甜品

## 至fit小食/飲品

## 附錄

# 作 者 序

## 成功減肥並非從健身房開始，而是由您的思想中出發

　　筆者作為營養師多年，很體會到「減肥真的無捷徑」的經驗。不少病人都試過坊間人云亦云的減肥餐單如食肉減肥法、西柚減肥法、蔬菜湯減肥法、香蕉減肥法，甚至乎近期經常聽到的生酮飲食法和斷食減肥等，通通都未見可持久的成效。不是餓到手軟腳軟、頭暈眼花，便是作嘔和便秘；就算真的減了數磅又如何？到頭來體重在下降後不久又反彈了。雖然很多人都知道最有效又安全的減肥方法莫過於是熱量平衡，即減少熱量攝取吸收而同時亦要增加消耗，但大部份人在缺乏恆心或一知半解的情況之下終告減肥失敗。

　　筆者曾經聽過一句說話：「Successful weight loss doesn't start in the gym, it starts in your mind!」(成功減肥並非從健身房開始，而是由您的思想中出發。)要減肥成功，就不可以一邊嚷着要減肥，一邊又忍不住食物的誘惑，又說沒有時間做運動。世界真的沒有不勞而獲的事情，而減肥也是一樣。只要下定決心，持之以恆，將健康飲食和恆常運動融入生活之中，減肥才會成功。

　　減肥的出發點是不應只因愛美而去瘦身，而是為務求改善健康狀況所開始。肥胖其實可引致許多不同的疾病如心臟病、糖尿病、高血壓、高血脂、癌症、睡眠窒息症、關節炎、膽結石、月經失調和不育等。美國營養及營養治療學院(Academy of Nutrition and Dietetics)2016年的體重控制立場聲明指，如想改善心血管病的高危因素，例如高血脂、高血壓和高血糖，甚至希望減少患上這些慢性疾病的機會，肥胖人士應最少減去原體重的3至5%，最多達10%，減肥速度以每星期減去2磅體重(即約1公斤)為佳。一般而言，在6個月內將原體重減輕5%至10%的目標會較為容易實踐。

　　因此，筆者想藉此書以具醫學實証(Scientific)、安全(Safe)和成功(Successful)的3S方法為本，提供容易實踐的健康飲食建議和50個易煮的美味食譜，避免令減肥者因飲食太單調而覺得食而無味或半途而廢。此書還探討其他有效控制體重的實用課題，例如：出外飲食、健康烹調法、低脂小零食選擇及一些小改變、大改善的日常貼士等。最重要的是教您如何能保持成功減肥後的成果，減少體重回升的情況出現，希望能令您一生受用。

張翠芬 (美國註冊營養師)

林思為 (澳洲註冊營養師)

# 推薦序

## 成功減肥離不開徹底生活模式的改變

　　肥胖問題已屬全球性，更迅速傳遍亞洲。在香港，大約百份之三十的成年人屬於肥胖，另百份之二十的成年人被定為超重(香港人口健康調查2014/15)。肥胖症增加患上二型糖尿病、高血壓、冠心病、中風、慢性腎病和癌症的風險。治療肥胖症及其相關引發的問題的成本巨大，並為社會帶來沉重的經濟負擔。根據衛生署最新的資料顯示，每五個小學生當中，亦有一個胖小孩。沒有節制的飲食及缺少運動是主要導致過重及肥胖的原因，而兒童更需要父母及家人從小培養良好生活習慣以達至適當的成長進度，避免過早患上肥胖引起的健康問題。

　　不少人的「理想」減肥方法是在最短時間內減得最多的體重，但往往忽略實際可行性及安全性。因而坊間出現大量似是而非、五花百門的減肥方法，往往不但未能減磅，亦浪費金錢，甚至危害健康。個人所見成功減肥的例子最終都離不開徹底生活模式的改變，但每每與病人談到改變生活模式時，不少病人馬上便認為是痛苦生活的開始。

　　張翠芬(Lorena)及林思為(Sylvia)均為資深的註冊營養師，具豐富輔導成人及兒童成功控制體重的臨床經驗，她們明白減肥人士的實際需要及日常所面對的障礙。她們這本以及過往多本的著作都以淺易的文字帶出實用、輕鬆及可行的飲食貼士和解決方案，推動健康營養的生活模式，徹底打破病人常見的誤解。本人深信此書能幫助需要體重控制的人士培養及落實適當、適量的飲食模式，成功及安全地漸漸邁向健康的體重。

**周振中醫生**

香港肥胖醫學會會長
香港糖尿病專科中心主席

# 第一部份
# 認識 3S
醫學實證 (Scientific)、
成功 (Successful) 及
安全 (Safe)
的體重控制基本法

# I. 你真的「過肥」而需要減肥嗎?

當你自覺有「麒麟臂」、「Bye Bye肉」、「大Pat Pat」,照鏡時發覺衣不稱身,這就等於過重、肥胖嗎?

從醫學上來說,肥胖(Obesity)是指身體內有過多脂肪(Excess Body Fat),具客觀、科學化的量度標準,非基於個人觀感而決定。

許多人都視肥胖症為影響外觀的大敵,但其實肥胖更是一個影響健康的病症,世界衛生組織已將肥胖列為「疾病」。若脂肪含量超出標準,就是肥胖。

肥胖症更是百病之源,與多種疾病息息相關。任何人士遵行適當的飲食調節及運動都能增進身體健康及機能,因而內在及外在美都會逐漸改善。不過,要注意成人及兒童的Keep Fit指數及體重控制方法亦有所不同。

## 1. 肥胖症在香港

根據衛生署在2014/15年間錄得的數字,本港肥胖人口佔整體人口29.9%(男性36%,女性24.4%),比2003/04年的肥胖人口21.1%(男性22.3%,女性20%)明顯為多。更令人憂慮的是,2014/15年度錄得的嚴重肥胖人口更達到5.3%。

資料來源:香港肥胖醫學會

## 2. 成人體重控制要認識的keep fit指數－身體質量指數、腰圍及脂肪比例

### i. 身體質量指數(Body Mass Index,BMI)

是一項用來衡量體重的客觀國際指標,顯示身高與體重的比例是否正常。國際研究顯示,BMI過低(過輕)或過高(過重及肥胖),患病及死亡率都較正常人高。所以,不要以為愈輕愈健康,控制BMI於正常水平,才是維持健康的重要指標。

身體質量指數(BMI)= 體重(公斤)* ÷〔身高(米) ÷ 身高(米)〕
(*1公斤＝2.2磅)

根據世界衛生組織(World Health Organization, WHO)2000年的建議,西方和亞洲成年人的身體質量指數分別劃分如下:

**CHECK POINT**

並非所有人都適用身體質量指數作標準,孕婦、肌肉性運動員等就是不適合的例子。女性在懷孕期間的體重會大幅增加,但大部份不是她本身的體重,而是胎兒和羊胎水等;肌肉性運動員的體重主要來自肌肉,他們的體內脂肪比例一般較低,所以健康風險亦較低,如一個BMI超過25公斤/米$^2$、脂肪百分比只得13%的亞洲運動員便不屬肥胖。

| 身體質量指數(BMI)公斤/米$^2$ | 過輕 | 正常水平 | 過重 | 肥胖 | 嚴重肥胖 |
|---|---|---|---|---|---|
| 西方人 | <19 | 19-24.9 | 25-29.9 | 30-34.9 | ≥35 |
| 亞洲人 | <18.5 | 18.5-22.9 | 23-24.9 | ≥ 25 | ≥ 30 |

## 簡易身體質量指數參考表

| 身體質量指數(BMI) | 分類 | 身高(米) | 1.37 | 1.4 | 1.42 | 1.45 | 1.47 | 1.5 | 1.52 | 1.55 | 1.57 | 47 | 1.63 | 1.65 | 1.68 | 1.7 | 1.73 | 1.75 | 1.78 | 1.8 | 1.83 | 1.85 | 1.88 | 1.91 | 體重 |
|---|---|---|---|---|---|---|---|---|---|---|---|---|---|---|---|---|---|---|---|---|---|---|---|---|---|
| 18.5 | | | 35 | 36 | 37 | 39 | 40 | 42 | 43 | 44 | 46 | 47 | 49 | 50 | 52 | 53 | 55 | 57 | 59 | 60 | 62 | 63 | 65 | 67 | 公斤 |
| | | | 76 | 80 | 82 | 86 | 88 | 92 | 94 | 98 | 100 | 104 | 108 | 111 | 115 | 118 | 122 | 125 | 129 | 132 | 136 | 139 | 144 | 148 | 磅 |
| 19 | | | 36 | 37 | 38 | 40 | 41 | 43 | 44 | 46 | 47 | 49 | 50 | 52 | 54 | 55 | 57 | 58 | 60 | 62 | 64 | 65 | 67 | 69 | 公斤 |
| | | | 78 | 82 | 84 | 88 | 90 | 94 | 97 | 100 | 103 | 107 | 111 | 114 | 118 | 121 | 125 | 128 | 132 | 135 | 140 | 143 | 148 | 152 | 磅 |
| 20 | 正常 | | 38 | 39 | 40 | 42 | 43 | 45 | 46 | 48 | 49 | 51 | 53 | 54 | 56 | 58 | 60 | 61 | 63 | 65 | 67 | 68 | 71 | 73 | 公斤 |
| | | | 83 | 86 | 89 | 93 | 95 | 99 | 102 | 106 | 108 | 113 | 117 | 120 | 124 | 127 | 132 | 135 | 139 | 143 | 147 | 151 | 156 | 161 | 磅 |
| 21 | | | 39 | 41 | 42 | 44 | 45 | 47 | 49 | 50 | 52 | 54 | 56 | 57 | 59 | 61 | 63 | 64 | 67 | 68 | 70 | 72 | 74 | 77 | 公斤 |
| | | | 87 | 91 | 93 | 97 | 100 | 104 | 107 | 111 | 114 | 118 | 123 | 126 | 130 | 134 | 138 | 141 | 146 | 150 | 155 | 158 | 163 | 169 | 磅 |
| 22 | | | 41 | 43 | 44 | 46 | 48 | 50 | 51 | 53 | 54 | 56 | 58 | 60 | 62 | 64 | 66 | 67 | 70 | 71 | 74 | 75 | 78 | 80 | 公斤 |
| | | | 91 | 95 | 98 | 102 | 105 | 109 | 112 | 116 | 119 | 124 | 129 | 132 | 137 | 140 | 145 | 148 | 153 | 157 | 162 | 166 | 171 | 177 | 磅 |
| 23 | | | 43 | 45 | 46 | 48 | 50 | 52 | 53 | 55 | 57 | 59 | 61 | 63 | 65 | 66 | 69 | 70 | 73 | 75 | 77 | 79 | 81 | 84 | 公斤 |
| | | | 95 | 99 | 102 | 106 | 109 | 114 | 117 | 122 | 125 | 130 | 134 | 138 | 143 | 146 | 151 | 155 | 160 | 164 | 169 | 173 | 179 | 185 | 磅 |
| 24 | | | 45 | 47 | 48 | 50 | 52 | 54 | 55 | 58 | 59 | 61 | 64 | 65 | 68 | 69 | 72 | 74 | 76 | 78 | 80 | 82 | 85 | 88 | 公斤 |
| | 超重 | | 99 | 103 | 106 | 111 | 114 | 119 | 122 | 127 | 130 | 135 | 140 | 144 | 149 | 153 | 158 | 162 | 167 | 171 | 177 | 181 | 187 | 193 | 磅 |
| 25 | | | 47 | 49 | 50 | 53 | 54 | 56 | 58 | 60 | 62 | 64 | 66 | 68 | 71 | 72 | 75 | 77 | 79 | 81 | 84 | 86 | 88 | 91 | 公斤 |
| | | | 103 | 108 | 111 | 116 | 119 | 124 | 127 | 132 | 136 | 141 | 146 | 150 | 155 | 159 | 165 | 168 | 174 | 178 | 184 | 188 | 194 | 201 | 磅 |
| 26 | | | 49 | 51 | 52 | 55 | 56 | 59 | 60 | 62 | 64 | 67 | 69 | 71 | 73 | 75 | 78 | 80 | 82 | 84 | 87 | 89 | 92 | 95 | 公斤 |
| | | | 107 | 112 | 115 | 120 | 124 | 129 | 132 | 137 | 141 | 146 | 152 | 156 | 161 | 165 | 171 | 175 | 181 | 185 | 192 | 196 | 202 | 209 | 磅 |
| 27 | | | 51 | 53 | 54 | 57 | 58 | 61 | 62 | 65 | 67 | 69 | 72 | 74 | 76 | 78 | 81 | 83 | 86 | 87 | 90 | 92 | 95 | 98 | 公斤 |
| | | | 111 | 116 | 120 | 125 | 128 | 134 | 137 | 143 | 146 | 152 | 158 | 162 | 168 | 172 | 178 | 182 | 188 | 192 | 199 | 203 | 210 | 217 | 磅 |
| 28 | 肥胖I級 | | 53 | 55 | 56 | 59 | 61 | 63 | 65 | 67 | 69 | 72 | 74 | 76 | 79 | 81 | 84 | 86 | 89 | 91 | 94 | 96 | 99 | 102 | 公斤 |
| | | | 116 | 121 | 124 | 130 | 133 | 139 | 142 | 148 | 152 | 158 | 164 | 168 | 174 | 178 | 184 | 189 | 195 | 200 | 206 | 211 | 218 | 225 | 磅 |
| 29 | | | 54 | 57 | 58 | 61 | 63 | 65 | 67 | 70 | 71 | 74 | 77 | 79 | 82 | 84 | 87 | 89 | 92 | 94 | 97 | 99 | 102 | 106 | 公斤 |
| | | | 120 | 125 | 129 | 134 | 138 | 144 | 147 | 153 | 157 | 163 | 170 | 174 | 180 | 184 | 191 | 195 | 202 | 207 | 214 | 218 | 225 | 233 | 磅 |
| 30 | | | 56 | 59 | 60 | 63 | 65 | 68 | 69 | 72 | 74 | 77 | 80 | 82 | 85 | 87 | 90 | 92 | 95 | 97 | 100 | 103 | 106 | 109 | 公斤 |
| | | | 124 | 129 | 133 | 139 | 143 | 149 | 152 | 159 | 163 | 169 | 175 | 180 | 186 | 191 | 198 | 202 | 209 | 214 | 221 | 226 | 233 | 241 | 磅 |
| 31 | | | 58 | 61 | 63 | 65 | 67 | 70 | 72 | 74 | 76 | 79 | 82 | 84 | 87 | 90 | 93 | 95 | 96 | 100 | 104 | 105 | 110 | 113 | 公斤 |
| | | | 128 | 134 | 138 | 143 | 147 | 153 | 158 | 164 | 168 | 175 | 181 | 185 | 192 | 197 | 204 | 209 | 216 | 221 | 228 | 233 | 241 | 243 | 磅 |
| 32 | | | 60 | 63 | 65 | 67 | 69 | 72 | 74 | 77 | 79 | 82 | 85 | 87 | 90 | 92 | 96 | 98 | 101 | 104 | 107 | 110 | 113 | 117 | 公斤 |
| | | | 132 | 138 | 142 | 148 | 152 | 158 | 163 | 169 | 174 | 180 | 187 | 192 | 199 | 203 | 211 | 216 | 223 | 228 | 236 | 241 | 249 | 257 | 磅 |
| 33 | | | 62 | 65 | 67 | 69 | 71 | 74 | 76 | 79 | 81 | 84 | 88 | 90 | 93 | 95 | 99 | 101 | 105 | 107 | 111 | 113 | 117 | 120 | 公斤 |
| | | | 136 | 142 | 146 | 153 | 157 | 163 | 168 | 174 | 179 | 186 | 193 | 198 | 205 | 210 | 217 | 222 | 230 | 234 | 243 | 248 | 257 | 265 | 磅 |
| 34 | | | 64 | 67 | 69 | 71 | 73 | 76 | 77 | 79 | 82 | 84 | 90 | 93 | 96 | 98 | 102 | 104 | 108 | 110 | 114 | 116 | 120 | 124 | 公斤 |
| | | | 140 | 147 | 151 | 157 | 162 | 168 | 173 | 180 | 184 | 191 | 193 | 204 | 211 | 216 | 224 | 229 | 237 | 242 | 250 | 256 | 264 | 273 | 磅 |
| 35 | 肥胖II級 | | 66 | 69 | 71 | 74 | 76 | 79 | 81 | 84 | 86 | 90 | 93 | 95 | 99 | 101 | 105 | 107 | 113 | 113 | 117 | 120 | 121 | 128 | 公斤 |
| | | | 145 | 151 | 155 | 162 | 166 | 173 | 178 | 185 | 189 | 197 | 206 | 210 | 217 | 223 | 230 | 236 | 244 | 248 | 258 | 264 | 272 | 281 | 磅 |
| 36 | | | 68 | 71 | 73 | 76 | 78 | 81 | 83 | 86 | 89 | 92 | 96 | 98 | 102 | 104 | 108 | 110 | 114 | 117 | 121 | 125 | 127 | 131 | 公斤 |
| | | | 149 | 155 | 160 | 167 | 171 | 178 | 183 | 190 | 195 | 203 | 210 | 216 | 224 | 229 | 237 | 243 | 251 | 257 | 265 | 271 | 280 | 288 | 磅 |
| 37 | | | 69 | 73 | 75 | 78 | 80 | 83 | 85 | 89 | 91 | 95 | 98 | 101 | 104 | 107 | 111 | 113 | 117 | 120 | 124 | 127 | 131 | 135 | 公斤 |
| | | | 153 | 160 | 164 | 171 | 176 | 183 | 188 | 196 | 201 | 208 | 216 | 222 | 230 | 236 | 244 | 249 | 258 | 264 | 273 | 279 | 288 | 297 | 磅 |
| 38 | | | 71 | 74 | 77 | 80 | 82 | 86 | 88 | 91 | 94 | 97 | 101 | 103 | 107 | 110 | 114 | 116 | 120 | 123 | 127 | 130 | 135 | 139 | 公斤 |
| | | | 157 | 164 | 169 | 176 | 181 | 188 | 193 | 201 | 206 | 214 | 222 | 228 | 236 | 242 | 250 | 256 | 265 | 271 | 280 | 286 | 295 | 305 | 磅 |
| 39 | | | 73 | 76 | 79 | 82 | 84 | 88 | 90 | 94 | 96 | 100 | | 106 | 110 | 113 | 117 | 119 | 124 | 126 | 131 | 135 | 138 | 142 | 公斤 |
| | | | 161 | 168 | 173 | 180 | 185 | 193 | 199 | 206 | 211 | 220 | 0 | 234 | 242 | 248 | 257 | 265 | 272 | 278 | 287 | 294 | 303 | 313 | 磅 |
| 40 | | | 75 | 78 | 81 | 84 | 86 | 90 | 92 | 96 | 99 | 102 | 106 | 109 | 113 | 115 | 120 | 122 | 127 | 130 | 134 | 137 | 141 | 146 | 公斤 |
| | | | 165 | 172 | 177 | 185 | 190 | 198 | 203 | 211 | 217 | 225 | 234 | 240 | 248 | 254 | 265 | 270 | 279 | 285 | 296 | 301 | 311 | 321 | 磅 |
| 身體質量指數(BMI) | | 身高(呎) | 4'6" | 4'7" | 4'8" | 4'9" | 4'10" | 4'11" | 5' | 5'1" | 5'2" | 5'3" | 5'4" | 5'5" | 5'6" | 5'7" | 5'8" | 5'9" | 5'10" | 5'11" | 5'12" | 6'1" | 6'2" | 6'3" | 體重 |

## ii. 腰圍(Waist Circumference)

量度腰圍是簡單又方便的方法以衡量腹腔脂肪。若腹腔脂肪過多，即屬中央肥胖(Central Obesity)，也就是有「大肚腩」。中央肥胖是心血管疾病(如中風及冠心病)的主要風險因素之一。研究顯示，有中央肥胖的亞洲人患心血管疾病的風險比有中央肥胖的西方人更高。中央肥胖還增加患代謝綜合症(Metabolic Syndrome)、糖尿病、高血壓、高血脂及脂肪肝等疾病的機會，所以，更加要預防大肚腩。

腹部脂肪積聚於內臟位置會引起各種慢性病，如糖尿病、高血壓、心臟病等。內臟脂肪過多促使身體自行釋放出危及身體的細胞激素(Cytokines)，令血壓和血糖上升。以下是成人腰圍的標準值：

亞洲男性：35.5吋*(約90 厘米)以下

亞洲女性：31.5吋*(約80 厘米)以下

西方男性：40 吋*(約102 厘米)以下

西方女性：35吋*(約88厘米)以下

* 1吋=2.54厘米

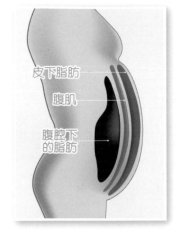

皮下脂肪
腹肌
腹腔下
的脂肪

## iii. 身體脂肪百分比

知道身體脂肪百分比有助了解個人肥胖的程度。量度體內脂肪的方法有多種，例如皮脂量度法(Skin Fold Measurement)、水中量度法(Underwater Weighing)、X光掃描及磁力共振(Magnetic Resonance Imaging)等，但過程較複雜又昂貴，較快速和方便是使用「脂肪磅」(又稱智能磅)。

「脂肪磅」的原理是採用生物電阻抗分析(Bioelectrical Impedance Analysis，BIA)來量度身體脂肪含量，透過磅面的金屬電極，輸出微量電流通過身體，分析非脂肪組織(Fat-free Mass，包括肌肉、骨骼和水份)及脂肪組織(Fat Mass)對電流的不同阻力，計算出身體含多少脂肪，再根據性別、身高、體重及年齡等資料，計算出身體脂肪百分比。

注意：生物電阻抗分析容易受體內水份變化和其他環境因素影響，同一天不同時間量度也可能得出不同結果。以下是理想身體脂肪百分比的參考值：

脂肪磅

### 成人正常脂肪百分比

| 分類 | 女士(%) | 男士(%) |
|---|---|---|
| 必需脂肪 | 10-13 | 2-5 |
| 運動員 | 14-20 | 6-13 |
| 合格 | 21-24 | 14-17 |
| 普通 | 25-31 | 18-24 |
| 肥胖 | 32或以上 | 25或以上 |

資料來源： The American Council of Exercise

CHECK POINT

量度體重、脂肪百分比和腰圍的最佳方法：
1. 量度前避免喝大量飲料
2. 量度前避免喝含酒精飲品(24小時內)
3. 量度前避免劇烈運動
4. 每次量度應在同一時段(例如早上7時至8時)
5. 每次使用同一部「脂肪磅」
6. 宜在如廁後量度
7. 穿着輕便衣服，或不穿衣服
8. 避免月經期間量度
9. 量度腰圍時，可用一把軟尺於水平線繞着身軀，量度胸骨下方及盤骨上方之中間位置
10. 將結果記錄下來，經常觀察進度

第一部份

1. 你真的『過肥』而需要減肥嗎？

## 3.「你是否需要減肥？」健康風險評估

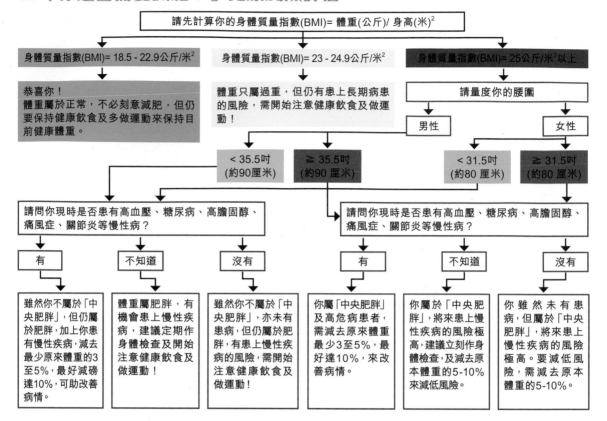

## 4. 兒童體重控制要認識的keep fit指數－身高及體重成長表

除了成年人，兒童體型亦有一套科學化標準作參考，以計算出他們的體重是適中、過重，還是過輕，而方法就是根據身高、年齡、性別和體重，按比例計算。

兒童成長表(Growth Chart)可幫助家長了解孩子身高與體重的整體百分比(percentile)，如身高與體重排行百份比都在25-75之間，代表身材適中；如排行百份比低於3，屬於過輕；排行百份比大於97，那就可能代表孩子過重了(詳見P.11)。

**以10歲的男孩子為例**：身高135厘米，如體重超過50公斤(＞97th percentile)，屬於過重；體重相約30公斤(50th percentile)，屬於適中；體重在20公斤以下(＜3rd percentile)，便屬過輕。

**以10歲女孩子為例**：身高138厘米，如體重超過48公斤(＞97th percentile)，屬於過重；體重相約32公斤(50th percentile)，屬於適中；體重在20公斤以下(＜3rd percentile)，便屬過輕。

**以16歲的男孩子為例**：身高168厘米，如體重超過80公斤(＞97th percentile)，屬於過重；體重相約55公斤(50th percentile)，屬於適中；體重在40公斤以下(＜3rd percentile)，便屬過輕。

**以16歲女孩子為例**：身高158厘米，如體重超過70公斤(＞97th percentile)，屬於過重；體重相約50公斤(50th percentile)，屬於適中；體重在38公斤以下(＜3rd percentile)，便屬過輕。

兒童身高與體重排行百分比的詳情可以參考第11頁的「體重及身高成長表」。如果家長有懷疑，可以向兒科醫生及註冊營養師查詢。

## 0-18歲男童體重及身高成長表

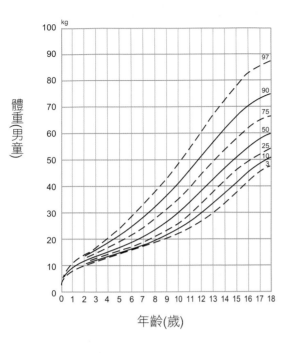

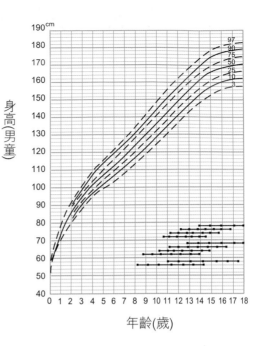

## 0-18歲女童體重及身高成長表

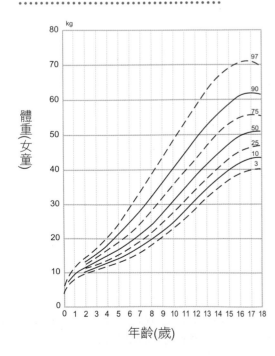

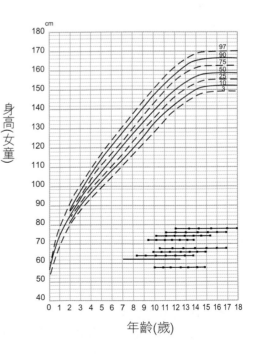

資料來源：Growth Survey 1993, The Chinese University of Hong Kong

# II. 肥胖就是「病」

過重及肥胖固然影響外表，但最重要的，是對身體帶來極大傷害。我們必須正視肥胖，把它看成一種慢性疾病，因為肥胖人士身體積聚過多的脂肪組織是導致很多慢性疾病的主要危害因素。

## 10大與過重及肥胖相關的慢性疾病

### 1. 高血脂及高膽固醇

高血脂，代表血液內含過多「壞膽固醇」(即低密度脂蛋白膽固醇 LDL-C)和三酸甘油脂(Triglycerides)。它之所以容易令人忽略，是因為大多數患者都毫無症狀，需要驗血才知道血脂是否過高。高血脂能引致血管硬化、加速血管栓塞，從而增加患上冠心病及中風的機會，嚴重更可以致命。一般說來，除了肥胖人士易患上高血脂外，愛吃高飽和及反式脂肪、高膽固醇食物以及缺乏運動等生活習慣，都增加罹患高血脂的機會。

### 2. 二型糖尿病

患上二型糖尿病的風險會隨肥胖增加。體內積聚過多脂肪，會導致胰島素敏感度減低，使血糖不能調節至正常水平。醫學界一直認為有糖尿病家族病史的人士較容易患上糖尿病，但近年愈來愈多糖尿病患者找不到罹病家族史，估計很可能是吃太多含單醣及精煉食物如汽水、甜食、白米、白麵包和高脂食物，以及缺乏運動而引致。

### 3. 冠心病

肥胖人士患冠心病的機會是一般人的2倍以上。肥胖人士因為飲食不健康，同時患有高血脂令血液裏形成粥樣硬塊，使動脈血管變窄、硬化和脆裂，從而引起心肌梗塞，甚至死亡。

### 4. 中風

中風是香港第四號疾病殺手。肥胖人士往往患有高血脂及高血壓，容易引致腦動脈被血凝塊堵塞，令腦細胞缺乏養份和氧氣，或可因粥樣硬塊爆裂而導致腦出血，使腦組織受損。腦血管病可影響行動能力，嚴重者甚至昏迷或死亡。

### 5. 非酒精性脂肪肝

非酒精性脂肪肝和體重有極密切的關係，體重越重，患非酒精性脂肪肝的機會越高。一般而言，除了酒精造成的脂肪肝會增加肝硬化、肝癌的危機外，過量飲食造成的非酒精性脂肪肝也有機會會演變成肝臟纖維化，令肝功能受損。

## 6. 癌症

癌症真可以説是「聞者色變」的疾病，與肥胖也有很大關係。醫學界調查發現，肥胖會增加患上子宮內膜癌、胃癌、直腸癌、結腸癌和胰臟癌的機率。根據美國疾病及預防控制中心2017年報告指出，於女性和男性診斷出的所有癌症中，分別有55%和24%與超重和肥胖有關。

## 7. 睡眠窒息症

睡眠窒息症患者有三分之一是肥胖人士，源於肥胖而導致咽喉氣道狹窄。研究更指，睡眠窒息症患者患高血壓的機會是一般人的2倍，缺血性心臟病是一般人的3倍，腦中風是一般人的4倍。另有報告發現，睡眠窒息症患者有較高風險出現心肌梗塞。

## 8. 痛風症

肥胖人士患痛風症不但不斷增加，年齡還愈來愈年輕。肥胖和身體脂肪比例過高抑壓尿酸代謝和排泄，令體內尿酸水平長期過高，造成尿酸石積聚於關節中，導致發炎引起痛風症。多數患者以為痛風症最多只是疼痛而已，其實它還可影響腎功能，並增加患冠心病的風險。

## 9. 膽結石

肥胖人士患膽石的比率是一般人的3倍，原因往往是嗜吃高脂食物。當我們吃太多脂肪，肝臟會製造和分泌膽汁，將脂肪分解，隨後再被肝臟所吸收。因此，吃的脂肪越多，分泌的膽汁越多，致膽汁滯積，形成結石。

## 10. 退化性關節炎

退化性關節炎一般在50至60歲之後出現，但肥胖人士患上退化性關節炎的時間會提早。我們走路時，膝關節需承受體重3倍半的壓力；跑步時，膝關節所承受的壓力更達體重的7倍以上，可見愈肥胖，膝關節的負荷愈大。

中風
高血壓
冠心病
睡眠窒息症
膽石
二型糖尿病
癌症
關節炎
脂肪肝
痛風症

10大與過重及肥胖相關的慢性疾病

# III. 控制體重的 3S 方法

任何控制體重的方法都應以醫學實證(Scientific)、成功(Successful)及安全性(Safe)為重。

## 1. 訂立符合實際可行又安全的體重控制目標

美國營養及營養治療學院(Academy of Nutrition and Dietetics)2016年的體重控制立場聲明指，如想改善心血管病的高危因素，例如高血脂、高血壓和高血糖，甚至希望減少患上這些慢性疾病的機會，肥胖人士應最少減去原來體重的3至5%，最多達10%，減肥速度以每星期減去2磅體重(即約1公斤)為佳。一般而言，在6個月內將原本體重減輕5%至10%的目標會較為容易實踐。

### CHECK POINT

理想速度：每星期減約1-2 磅 (約0.5-1公斤)

理想目標：於3至6個月內減去原來體重的5-10%

以一個重200磅人士為例，3至6個月內減去10-20磅(4.5-9公斤)是可行又安全的理想目標。

## 2. 減肥冇捷徑！飲食及生活模式要轉變

### i. 控制體重不二之法——熱量的收支平衡

熱量的單位是卡路里或千卡路里(calorie (cal) or kilocalorie (kcal))，兩者相同，可以交換使用，但卡路里比較常用。1卡路里是指令每公升水的溫度升高攝氏1度時所需的能量。我們需要每天從食物中吸取足夠熱量，如汽車要使用汽油作燃料以供運作一樣，食物提供能量作為日常新陳代謝、細胞更新及活動所需。

除水份之外，任何食物或多或少也有熱量，日常各種食物的熱量可參考「附錄1. 日常食物熱量及運動量換算表」(P.144)及「附錄2. 市面上常見的較健康小食熱量營養表」(P.148)。

1克醣質(碳水化合物)= 4卡路里

1克蛋白質 = 4卡路里

1克脂肪 = 9卡路里

1克酒精 = 7卡路里

水 = 0卡路里

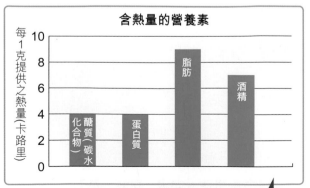

含熱量的營養素

每1克提供之熱量（卡路里）

醣質（碳水化合物）蛋白質 脂肪 酒精

喝水是不會致肥或水腫！每天應最少攝取8-10杯流質為佳。

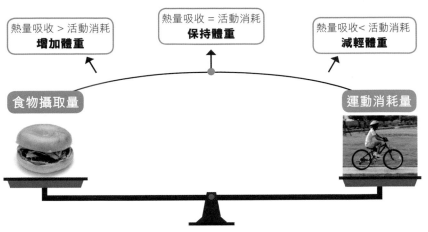

熱量吸收 > 活動消耗
**增加體重**

熱量吸收 = 活動消耗
**保持體重**

熱量吸收 < 活動消耗
**減輕體重**

食物攝取量

運動消耗量

一般而言，過重及肥胖人士需要減少食物攝取及配合增加活動量，每星期達至消耗共3,500-7,000卡路里，即每天消耗500-1,000卡路里，才能達到每星期減少0.5-1公斤(約1-2磅)體重(脂肪)的理想速度。

**飲食中每天減少攝取500卡路里的好辦法！**

| ✖ 吃/喝 | 熱量(卡路里) | ✔ 吃/喝 | 熱量(卡路里) | 可減少攝取熱量(卡路里) |
|---|---|---|---|---|
| 煎雙蛋餐肉即食麵+凍奶茶 | 840 | 火腿通心粉1碗+檸檬茶(走甜) | 340 | -500 |
| 焗豬扒飯 | 1137 | 白切雞飯(去皮走汁) | 601 | -536 |
| 咖喱牛腩飯 | 1053 | 瑤柱冬瓜粒湯飯 | 583 | -470 |
| 乾炒牛河 | 1243 | 鮮茄牛肉飯 | 774 | -469 |
| 炸雞包+中汽水+中薯條 | 1020 | 漢堡包+健怡汽水+粟米杯 | 354 | -666 |
| 雪糕1杯+中薯片1包 | 569 | 生果1個或低脂乳酪1杯 | 100 | -469 |
| 3杯茶餐廳凍檸檬茶或3罐普通汽水 | 465 | 清茶+健怡汽水+凍檸檬茶(走甜) | 0-12 | -453 |

若每天都可以做到以上其中一項的飲食改善，你每星期便可減去約3,500卡路里，即一星期便可減去1磅體重(脂肪)了！

## ii. 身體每天需要多少熱量？

每天需要的熱量是因人而異，但主要視乎年齡、性別及日常活動量。

| 類別 | 每公斤正常體重所需熱量(卡路里) |
|---|---|
| 低活動量/過重/肥胖/長者 | 20-25 |
| 中活動量/成年女性 | 25-30 |
| 高活動量/成年男性 | 30-40 |

例子一：女性，60歲，家庭主婦，低活動量，正常體重50公斤，每天需要約1000 - 1250卡路里

例子二：男性，35歲，司機，每天游泳45分鐘，屬中活動量，正常體重65公斤，每天需要約 1950 - 2275 卡路里

## 成人每日所需熱量參考表

| 體重(公斤) | 成人每日所需熱量(卡路里) | | | | | |
| --- | --- | --- | --- | --- | --- | --- |
| | 低運動量 / 過重 / 肥胖/長者 | | 中運動量 / 成年女性* | | 高運動量 / 成年男性* | |
| | 最少 | 最多 | 最少 | 最多 | 最少 | 最多 |
| 46 | 920 | 1150 | 1150 | 1380 | 1380 | 1840 |
| 48 | 960 | 1200 | 1200 | 1440 | 1440 | 1920 |
| 50 | 1000 | 1250 | 1250 | 1500 | 1500 | 2000 |
| 52 | 1040 | 1300 | 1300 | 1560 | 1560 | 2080 |
| 54 | 1080 | 1350 | 1350 | 1620 | 1620 | 2160 |
| 56 | 1120 | 1400 | 1400 | 1680 | 1680 | 2240 |
| 58 | 1160 | 1450 | 1450 | 1740 | 1740 | 2320 |
| 60 | 1200 | 1500 | 1500 | 1800 | 1800 | 2400 |
| 62 | 1240 | 1550 | 1550 | 1860 | 1860 | 2480 |
| 64 | 1280 | 1600 | 1600 | 1920 | 1920 | 2560 |
| 66 | 1320 | 1650 | 1650 | 1980 | 1980 | 2640 |
| 68 | 1360 | 1700 | 1700 | 2040 | 2040 | 2720 |
| 70 | 1400 | 1750 | 1750 | 2100 | 2100 | 2800 |
| 72 | 1440 | 1800 | 1800 | 2160 | 2160 | 2880 |
| 74 | 1480 | 1850 | 1850 | 2220 | 2220 | 2960 |
| 76 | 1520 | 1900 | 1900 | 2280 | 2280 | 3040 |
| 78 | 1560 | 1950 | 1950 | 2340 | 2340 | 3120 |
| 80 | 1600 | 2000 | 2000 | 2400 | 2400 | 3200 |
| 82 | 1640 | 2050 | 2050 | 2460 | 2460 | 3280 |
| 84 | 1680 | 2100 | 2100 | 2520 | 2520 | 3360 |
| 86 | 1720 | 2150 | 2150 | 2580 | 2580 | 3440 |
| 88 | 1760 | 2200 | 2200 | 2640 | 2640 | 3520 |
| 90 | 1800 | 2250 | 2250 | 2700 | 2700 | 3600 |
| 92 | 1840 | 2300 | 2300 | 2760 | 2760 | 3680 |
| 94 | 1880 | 2350 | 2350 | 2820 | 2820 | 3760 |
| 96 | 1920 | 2400 | 2400 | 2880 | 2880 | 3840 |
| 98 | 1960 | 2450 | 2450 | 2940 | 2940 | 3920 |
| 100 | 2000 | 2500 | 2500 | 3000 | 3000 | 4000 |

*以正常體重計算

以上例子證明減肥不難，只要下定決心改變一些日常生活習慣，就可成功減磅，最重要的是持之以恆。

**CHECK POINT**

### 累積減少熱量(3,500卡路里= 1磅體重(脂肪))的簡易方法！

| | 每日 | | 一年 | |
| --- | --- | --- | --- | --- |
| | 消耗 / 減少攝取熱量 (卡路里) | 相等減少體重(磅) | 共消耗 / 減少攝取熱量 (卡路里) | 相等減少體重(磅) |
| 每日在熱飲中減少2茶匙糖 | 40 | -0.01 | 14,600 | -4.2 |
| 每日在食物中減少2茶匙油 | 90 | -0.03 | 32,850 | -9.4 |
| 每日戒喝奶茶，轉喝檸檬茶(走甜) | 113 | -0.03 | 41,245 | -11.8 |
| 每日少喝1罐汽水 | 150 | -0.04 | 54,750 | -15.6 |
| 每日少吃3兩肉 | 180 | -0.05 | 65,700 | -18.9 |
| 每日慢步行30分鐘* | 89 | -0.03 | 32,485 | -9.3 |
| 每日急步行30分鐘* | 130 | -0.04 | 47,085 | -13.4 |
| 每日跑步30分鐘* | 252 | -0.07 | 91,980 | -26.3 |

*以成年人約60公斤(約132磅)體重計算

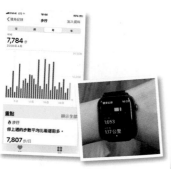

現在大部份智能手機或運動手錶設有計算步行的應用程式(Apps)，用來計算每日步行的步數。建議每日步行5,000至10,000步。

## iii. 選「對」的食物讓你瘦

控制體重的首要條件當然是調節飲食，亦是每個減肥人士最害怕的「無啖好食」，其實只要選對食物自然讓你健康地瘦。

減肥期間食物的選擇可分三類：

 **隨意進食**

| 此類食物的熱量甚低，對體重影響輕微 |
| --- |
| ☺ 清水、有氣/無氣礦泉水、茶、咖啡(少奶/無加糖)、檸檬茶/水(無加糖)、清湯 |
| ☺ 所有綠葉蔬菜及瓜類，例如：白菜、菜心、黃芽白、西蘭花、芥蘭、菠菜、椰菜、節瓜、冬瓜、老黃瓜、青瓜、番茄、洋葱、青紅椒、茄子等 |
| ☺ 菇菌類，例如：雪耳、雲耳、冬菇、猴頭菇、草菇、茶樹菇、金針、竹笙等 |
| ☺ 低鹽調味品及配料，如檸檬汁、青檸汁、醋、胡椒粉、薑、葱、蒜頭、芫茜、辣椒、果皮、花椒、八角、香茅及各種香草等，能增加食物的色香味 |
| ☺ 低卡路里代糖，如 Equal(怡口)、Hemesetes Gold(康美金裝)、Hermesetes Original(康美原粒)、Pal Sweet、Splenda®等 |
| ☺ 代糖(健怡)汽水及飲品，如 Coke Light、Coke Zero、Coke Plus、Sprite Plus、Cream Soda Zero |
| ☺ 代糖(sugar-free)喉糖及香口膠 |

 **適可而止**

| 此類食物提供各種身體必須營養素及熱量，進食份量按個人需要而定 |
| --- |
| ☺ 五穀類：飯、粥、粉、麵、鹹麵包、鹹餅乾 |
| ☺ 根莖類(高醣質)蔬菜：薯仔、蓮藕、芋頭、葛、蕃薯、紅/青蘿蔔 |
| ☺ 乾豆類：紅豆、綠豆、眉豆、青豆、茄汁豆 |
| ☺ 其他：花生、果仁、南瓜、粟米、栗子、蓮子、馬蹄、百合 |
| ☺ 水果及100% 純果汁 |
| ☺ 奶類：脫脂奶、低脂奶、低脂乳酪、低脂芝士 |
| ☺ 肉類：瘦豬肉、牛肉、家畜如雞、鴨、鵝(去皮)、魚、蝦、蟹及其他海產、雞蛋等 |
| ☺ 黃豆及黃豆製品：硬/軟豆腐、鮮腐竹、豆漿、奶 |
| ☺ 可用少量的調味品：砂糖、黃糖、冰糖、果糖、蜜糖、鹽、豉油、雞粉、麻油、橄欖油、芥花籽油、花生油、粟米油、軟身植物牛油 |

 **減少選用**

| 此類食物含高熱量、糖、鹽及脂肪，多吃容易令體重增加，又會增加患冠心病和中風的機會，所以應減少進食 |
| --- |
| ☹ 糖果、朱古力、雪糕、雪條 |
| ☹ 高糖份飲品：所有普通汽水、盒裝/樽裝甜飲品、煉奶、台式飲品，例如：檸檬茶、樽裝涼茶、甜豆奶、果味飲品、罐裝咖啡、運動飲品、珍珠奶茶 |
| ☹ 三合一飲品(因已含砂糖及全脂/植脂奶粉)、咖啡伴侶，例如：阿華田、好立克、咖啡、奶茶、杏仁霜、朱古力奶 |
| ☹ 甜麵包、甜餅乾及糕點，例如：菠蘿包、雞尾包、椰絲奶油包、西餅、蛋糕、夾心餅、曲奇餅、椰撻、蛋撻、西多士、奶油多士等 |
| ☹ 罐頭食物：午餐肉、回鍋肉、五香肉丁、腸仔、豆豉鯪魚、忌廉湯 |
| ☹ 高鹽份配菜或醃料：鹹菜、梅菜、鹹魚、腐乳、豆瓣醬、海鮮醬、魚露 |
| ☹ 肥肉、雞皮、豬腳、雞腳、雞翼、鴨腳、內臟、魚頭/腩、排骨、臘味 |
| ☹ 豬油、雞油、牛油、棕櫚油、椰子油、椰汁、熟油、硬身植物牛油 |

## iv. 瘦身健康廚房

- 減肥時，少油的烹調方法有蒸、焗、灼、炆、焗、燒、用微波爐、或易潔鑊少油快炒。
- 宜選用瘦肉、雞肉及魚。
- 煮食前，先切除肥膏和皮。
- 湯水宜用隔油湯壺去油。
- 選用芥花籽油或橄欖油烹調食物，每人每天限4-5茶匙油。
- 餸菜減少芡汁。
- 準備合適的健康煮食工具，如微波爐、真空煲、小型焗爐、空氣炸鍋、隔油湯壺、電蒸籠、蒸焗爐等。

### 選食材要健康

| 食材 | ✔多選 | ✘少選 |
|---|---|---|
| 牛 | 牛柳、瘦免治牛肉、牛脹、牛仔肉、牛筋 | 雪花牛肉、肥牛肉、牛腩、肉眼、半肥瘦免治牛肉、牛尾、牛雜 |
| 豬 | 柳梅、瘦豬扒、瘦免治豬肉 | 腩排、五花腩、半肥瘦免治豬肉、排骨、豬腸、豬膶、臘腸 |
| 家禽 | 雞髀(去皮)、雞胸肉、鴨胸肉、鴕鳥肉、火雞肉、烏雞(去皮) | 雞翼、雞皮、雞腳、內臟、鴨腳 |
| 羊 | 羊腿 | 羊腩 |
| 海鮮 | 各種鮮魚、帶子、青口、蜆、蟹肉、海參、蝦肉(去頭)、龍蝦肉、蠔、鮑魚、花膠、海蜇 | 魚子醬、墨魚、鱔、蟹膏、海膽、鰻魚 |
| 其他 | 豆腐、鮮腐竹、豆乾 | 豆腐泡、炸枝竹、麵筋、響鈴 |

### 改用較低脂或健康材料

| 較低脂或健康材料 | 高脂高卡路里材料 |
|---|---|
| 低脂(軟身)植物油、橄欖油、芥花籽油 | 牛油、豬油、椰子油 |
| 脫脂或低脂奶、低脂花奶 | 全脂奶、忌廉、花奶、煉奶 |
| 低脂椰汁、脫脂或低脂椰奶 | 椰汁、椰膏、椰奶 |
| 蛋白 | 蛋黃 |
| 低脂沙律醬、低脂乳酪、沙律醋、橄欖油、檸檬汁、鮮果汁 | 蛋黃醬(Mayonnaise)、奇妙醬、千島醬、凱撒沙律醬 |
| 低脂芝士 | 全脂芝士 |

- 選用低鹽份(鈉質)調味品：
  - ✦ 薑、葱、果皮、芫荽、蒜頭
  - ✦ 鮮紅椒、日本芥辣
  - ✦ 胡椒粉、咖喱粉、花椒、八角
  - ✦ 香草(如茴香、香茅、薄荷、羅勒葉、檸檬葉等)
  - ✦ 檸檬汁、青檸汁、鮮果汁
  - ✦ 香料(如黃薑粉、番紅花、五味粉、肉桂)

- 湯料避免選用肥肉或骨頭，如肥豬肉、腩肉、內臟及連骨連皮的雞鴨、排骨、豬骨、雞腳、豬尾、牛尾等。適合選用的湯料有：
  - ✦ 一般魚肉、魚尾、瘦豬/牛肉、豬/牛脹、雞蛋
  - ✦ 燕窩、魚翅、海參、花膠、鮑魚、響螺、象拔蚌、鱆魚、蝦米、瑤柱
  - ✦ 雞、烏雞、鴨、水鴨、乳鴿、鵪鶉(去皮去肥)
  - ✦ 南杏、北杏、花生、核桃、腰果
  - ✦ 豆腐、腐竹
  - ✦ 一般綠葉蔬菜、菇類、瓜類、乾豆及生果

### v. 減脂運動要訣

適量運動有多種好處：

1. 有助增加熱量消耗
2. 提高新陳代謝率
3. 改善心肺功能
4. 加快燃燒體內多餘脂肪，因而改善脂肪肌肉比例
5. 有助平衡血糖及血壓、降「壞膽固醇」及提升「好膽固醇」

### 不同活動所消耗的熱量

熱量消耗量視乎個人體重而定，而體重越重消耗量越高。以下列出55至82公斤(120至180磅)人士各種活動所消耗的熱量及需要減1磅體重(脂肪)的時間：

例子1：若你現時73公斤，電腦上網1小時只可消耗90卡路里。累積電腦上網39小時才可減1磅脂肪。

例子2：若你現時82公斤，踏單車1小時可消耗492卡路里。累積踏單車7小時便可減1磅脂肪了。

例子3：若你現時64公斤，散步1小時可消耗456卡路里。累積散步8小時便可減1磅脂肪了。

### 不同活動所消耗熱量參考表

| 活動 | 每小時所消耗的熱量(卡路里) | | | | | | | |
|---|---|---|---|---|---|---|---|---|
| | 55 公斤<br>(120 磅) | 減 1 磅脂肪所需時間<br>(小時) | 64公斤<br>(140 磅) | 減 1 磅脂肪所需時間<br>(小時) | 73公斤<br>(160 磅) | 減 1 磅脂肪所需時間<br>(小時) | 82公斤<br>(180 磅) | 減 1 磅脂肪所需時間<br>(小時) |
| 電腦上網  | 72 | 49 | 78 | 45 | 90 | 39 | 102 | 34 |
| 簡單家務 | 137 | 26 | 160 | 22 | 183 | 19 | 206 | 17 |
| 耍太極 | 215 | 16 | 251 | 14 | 287 | 12 | 323 | 11 |
| 打乒乓球 | 216 | 16 | 251 | 14 | 287 | 12 | 323 | 11 |
| 瑜伽 | 216 | 16 | 251 | 14 | 287 | 12 | 323 | 11 |
| 跳舞 | 245 | 14 | 286 | 12 | 327 | 11 | 367 | 10 |
| 打羽毛球 | 245 | 14 | 286 | 12 | 327 | 11 | 367 | 10 |
| 行山 ( 輕度 ) | 270 | 13 | 312 | 11 | 360 | 10 | 402 | 9 |
| 打哥爾夫球(步行 ) | 276 | 13 | 324 | 11 | 372 | 9 | 420 | 8 |
| 踏單車 | 330 | 11 | 384 | 9 | 438 | 8 | 492 | 7 |
| 打網球 | 360 | 10 | 414 | 8 | 474 | 7 | 534 | 7 |
| 散步 | 390 | 9 | 456 | 8 | 522 | 7 | 582 | 6 |
| 跳繩 | 434 | 8 | 507 | 7 | 579 | 6 | 652 | 5 |
| 跳健康舞 | 444 | 8 | 516 | 7 | 588 | 6 | 666 | 5 |
| 游泳 | 468 | 7 | 540 | 6 | 618 | 6 | 696 | 5 |
| 緩步跑 | 558 | 6 | 648 | 5 | 744 | 5 | 834 | 4 |
| 打壁球 | 653 | 5 | 762 | 5 | 870 | 4 | 980 | 4 |
| 跑步 | 684 | 5 | 792 | 4 | 906 | 4 | 1020 | 3 |

*以不同體重人士計算

## vi. 極速減肥的害處

香港人10個有3個便屬於肥胖，無論男或女，無論為了keep fit、愛美或想改善健康狀況，都嚷着要減肥！但因有部分人抱住「少勞多得」的心態去減肥，令標榜「一個月勁減20磅」、「無需運動、無需節食」或「保證一定得」的減肥計劃大受歡迎。有些人甚至不惜花上數萬元，甚至數十萬元到這些纖體公司減肥，務求可以極速減肥。但是，可知道極速減肥有可能對健康帶來多少害處？

根據National Institute of Diabetes and Digestive and Kidney Disease(NIDDK)的定義，每星期平均減去3磅或以上即屬於極速減肥(Rapid Weight loss)。利用過度節食或以不均衡的餐單來極速減肥可致營養不良、脫髮或貧血等，也會令身體流失水份和肌肉，從而減慢新陳代謝率。研究報告更指出，極速減肥的人士會較容易患上膽結石和脂肪肝，體重快速反彈或回升的情況也很常見，形成「搖搖效應(Yo-yo Dieting)」或「體重循環(Weight Cycling)」。搖搖效應或體重循環是由於採用不正確的方法去極速減肥，導致體重短期內急升急跌。除了膽結石和脂肪肝外，體重回升亦會對減肥人士的心理帶來負面影響。他們會因體重問題而感到沮喪、困擾及失去自信，嚴重可引致飲食失調，如暴食或厭食症等疾病，後果非同小可。

要成功減肥，出發點不應只為愛美而去瘦身，而是為求改善健康狀況。前文提到，肥胖可引致許多不同的疾病。若可以在4至6個月內，通過健康飲食和多做運動減去原來體重的5-10%，就可以有效減低患病率和改善身體健康狀況。除依賴多做運動和健康飲食外，醫療監察亦很重要。減肥人士最好在減肥前接受全面身體檢查，包括身體量度檢查、血液檢驗、激素檢驗、尿液檢驗和心電圖等。若發現有任何健康問題，醫生便可對症下藥。

很多人都知道最有效又安全的減肥方法莫過於減少熱量吸收，同時增加消耗。但大部份人在缺乏恆心或一知半解的情況下，以失敗告終。如有需要，可找專業人士包括註冊醫生、註冊營養師及體適能教練等，指導控制體重的正確方法，同時也可給予鼓勵和支持，以確保順利達到減磅目標。

## vii. 長期減肥成功的方法——自我監察

當經過一番努力達到目標的一刻，當然非常興奮及充滿成功感。但是，此時才是面對另一個挑戰的時候，就是要保持瘦身成果。研究顯示，成功減肥人士若不堅持健康飲食和常做運動的習慣，在減肥6個月至5年後，體重有可能反彈。所以減肥人士減肥成功後亦不可以鬆懈，需繼續自我監察。

在美國，有一個名為National Weight Control Registry(NWCR)的組織，自1994年開始，透過自願性問卷調查收集成功減磅人士的心得及特點，得出以下結論：這些人全部都最少減掉30磅以上及保持成果達一年以上，而大部分成功減磅人士都有以下生活習慣：

### 1. 持續改善 /保持健康飲食習慣

飲食遵守「三低一高」的原則，即低脂、低糖、低鹽和高纖。控制食物份量，以少肉多菜為主。出外飲食或節日時要特別留心，多選健康之選(P.25-27)。減少吃零食和高糖分飲品及食物。

### 2. 堅持低熱量、低脂飲食

NWCR的女性參加者平均每日攝取約1,300卡路里，男士攝取約1,700卡路里，來自脂肪的熱量只佔24%(建議每天脂肪的熱量不超過30%)。

### 3. 每天吃早餐

78%的參加者表示都有吃早餐的習慣，早餐以五穀類和水果為主。

### 4. 每星期出外進食少過2.5次，每個月吃快餐少過3次

出外飲食或節日時要特別留心，多選健康之選(P.25-27)。

### 5. 保持每天運動1小時

90%成功減肥人士每天堅持做1小時運動。NWCR的女性參加者平均每星期消耗約2,545卡路里(每天消耗350卡路里)，男士消耗約3,293卡路里(每天消耗470卡路里)。換言之，每天做1小時運動才可保持成果，大部分參加者選擇急步行。

### 6. 每星期看電視不多過10小時

66%成功減肥人士每星期看少於10小時電視。靜態生活習慣是都市人致肥的原因之一。看1小時電視只能燃燒30卡路里，急步行1小時卻可燃燒260卡路里，熱量消耗多9倍，何不站起來行一行，鬆一鬆？

### 7. 每星期磅重最少1次，以監察進度

36%參加者表示每天都會量度體重，而77%成功減肥人士最少會每星期磅重1次。當發覺體重回升，便立即修正飲食和運動習慣。

### 8. 填寫飲食記錄表

填寫飲食記錄表有助監測及計算日常食量，繼而檢討，減少暴飲暴食的機會。

| 日期 | | | (星期　　) | |
|---|---|---|---|---|
| | 時間 | 地點 | 食物份量及煮法 | 體重 |
| 早餐 | | | | |
| 小食 | | | | |
| 午餐 | | | | 運動 |
| 小食 | | | | |
| 晚餐 | | | | |
| 小食 | | | | |

### 9. 不要過分抑壓食慾

瘦身後可間中吃少量最喜歡的食物，這就是「少食多滋味」。

### 10. 適當減壓

壓力是其中一種導致過量進食的主要因素。所以，學懂減壓會更容易控制體重。例如適當安排和運用時間，要有足夠休息。發覺自己想暴飲暴食時，可以打電話跟朋友聊天、閱讀、聽音樂、散步、做運動或行街購物、買一份禮物給自己，千萬不要吃東西來發洩。

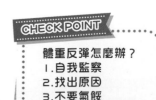

CHECK POINT

體重反彈怎麼辦？
1. 自我監察
2. 找出原因
3. 不要氣餒
4. 重新定立新目標

## viii. 減肥實錄

### 個案一:

　　Amy 今年28歲,自小體型纖瘦。她身高1.62米,三年前體重50公斤(BMI=19公斤/米²,屬正常)。自從畢業出來工作後,午餐多出外吃,又常常坐在辦工室工作令活動量減少,工作時又常吃零食,如薯片、糖果和朱古力等,也沒有做運動。現時,她的體重增至54.5公斤(BMI=20.7公斤/米²)。她很不滿意自己的體型,常覺自己「肚腩大」,腰圍不及時裝雜誌的模特兒纖細。她每天都嚷着要減肥,還嘗試了不同的減肥法,如蔬菜湯減肥法、雞蛋減肥法、戒澱粉質、「3日減10磅減肥法」和斷食等等都無法成功。為甚麼呢?

### 註冊營養師解構及建議:

　　以Amy現時的身體質量指數來看,她不算過重或肥胖(亞洲人正常BMI為18.5-22.9公斤/米²),只是比以前重了10磅而已,自覺「肚腩大」或不夠模特兒般瘦不過是主觀看法。而太瘦會使抵抗力變差,亦增加將來患骨質疏鬆症和不育症的機會。Amy不斷嘗試沒有科學根據的節食方法去減肥,只會徒勞無功,還可能導致營養不良、頭暈、肚瀉、胃痛等後遺症。就算真的減磅,體重反彈率也很高,造成搖搖效應(Yo-yo Dieting Effect),影響新陳代謝率。

　　註冊營養師建議Amy應從運動着手,例如每日急步行30分鐘或每星期跳健康舞、跑步、游泳3-4次,反而更加有效改善身型、增加肌肉從而增加新陳代謝和保持抵抗力。日常運動不但可控制體重,還可令腹部及腰部肌肉收緊,達到「收肚腩、收腰」的效果。飲食方面,應注意減少午餐出外進食,可自備午餐或選一些較清淡的食品,如湯粉麵、壽司、三文治等;小食應選水果、低脂奶、豆漿和全麥包等。

## 個案二：

林先生今年40歲，體重90公斤，身高1.7米，腰圍38吋，脂肪百分比為32%。4個月前的例行身體檢查發現，他的血糖偏高，屬糖尿病前期，血脂和血壓亦超標。林太太還發現他近期睡覺時的鼻鼾聲愈來愈響，檢查證實他患上了輕度睡眠窒息症。醫生力勸他必須減肥，他應該從何入手呢？

### 註冊營養師解構及建議：

以現時林先生的BMI(31.1公斤/米²)來看，屬肥胖 II 級(參考「簡易身體質量指數參考表」(P.8)，腰圍超標屬中央肥胖，罹患各種長期疾病的比率當然比體重正常的人高。想避免患上糖尿病、心臟病及其他相關疾病，必須下定決心減肥。

林先生現時的體重超出健康範圍，所以，註冊營養師建議他在3至6個月內減去目前體重的5-10% ，即減約7.2至9公斤，令BMI下降至28.6 - 28公斤/米²，屬肥胖 I 級。林先生應三管齊下，以節制飲食、增加運動和修正行為，每星期減少攝取3,500-7,000卡路里(參考 P.16)，達到每星期減少1-2磅的目標。

林先生的飲食要均衡，以低脂、低糖、低鹽、高纖為原則。他可將運動生活化，例如：在前一個車站下車步行回公司或回家；每天規定某段時間做30分鐘運動；增加去健身室次數至每星期三次；相約三五知己一齊做運動，如打籃球、跑步、游泳等等。此外，可鼓勵家人或朋友提醒自己減肥，並配合自己的減肥計劃改變生活習慣，如多些提醒他做運動、一齊選購低脂食物等。達到目標後，仍要以健康飲食和常做運動來保持體重。

## 3. 體重控制藥物及減重手術知多些

### i. 本港註冊及需醫生處方的體重控制藥物

由於部分嚴重肥胖人士(BMI>30公斤/米²)本身已可能患有糖尿病、高血脂及高血壓等問題，單靠飲食調節及運動未必能明顯改善病情，醫生會因應病情處方適當的體重控制藥物。

**芬特明(Phentermine)** 現況：只獲准短期使用(不超過三個月)

- 功效：抑制食慾
- 適用人士：BMI超過30之人士，或BMI超過27並有併發症的人士，可用以輔助飲食和運動控制體重
- 副作用：長期服用的話可致嚴重肺血管或心臟問題

**奧利司他(Orlistat)** 現況：獲准使用

- 功效：減少食物中脂肪的分解及減少吸收
- 適用人士：BMI超過30之人士，或BMI超過27並有併發症的人士，可用以輔助飲食和運動控制體重
- 副作用：排油、失禁

**利拉魯肽(Liraglutide)** 現況：獲准使用

- 功效：增加飽肚感，減少飢餓感
- 適用人士：BMI超過30之人士，或BMI超過27並有併發症的人士，可用以輔助飲食和運動控制體重
- 副作用：輕微副作用，如噁心、腹瀉及便秘等

**CHECK POINT**

勿亂用坊間減肥產品

坊間減肥產品不計其數，然而這些產品並非註冊西藥，沒有完善的監察系統去保障其效用和安全性，未必有助減肥，亦可能導致各種嚴重副作用。如要使用藥物減肥，應先經過醫生的詳細評估，切勿自行胃藥。

即使使用藥物治療，也需同時改善生活模式。目前的減肥藥物研究都顯示，使用減肥藥物需同時改善生活模式，才有進一步療效，因此，肥胖人士即使正在服用減肥藥物，仍須注意生活習慣，以提高減肥成效，以及減低患上與肥胖相關疾病的風險。

### ii. 減重手術

減重手術是給予病態性肥胖有效的減肥治療，並不是為美容纖體，而是為了面對一個嚴肅的健康問題。目前各種資料都顯示減肥手術是安全有效的病態性肥胖外科療法。

在亞太地區，根據「國際肥胖外科聯合會亞太分會」2011年會議共識，將亞洲人適合減重手術之病態肥胖人士定義為：

(1) 身體質量指數(BMI)超過35公斤/米²以上肥胖的人士；

(2) 身體質量指數(BMI)超過30公斤/米²以上及患有嚴重肥胖相關疾病的人士。

可在香港進行的不同減重手術包括：
1. 腹腔鏡束胃帶手術(Laparoscopic Adjustable Gastric Banding)
2. 腹腔鏡縮胃手術(Laparoscopic Sleeve Gastrectomy)
3. 腹腔鏡胃繞道手術(Laparoscopic Gastric Bypass)
4. 腹腔鏡縮胃十二指腸繞道手術(Laparoscopic Sleeve Gastrectomy with Duodenojejunal Bypass)
5. 內視鏡減重治療
   - 胃內水球(Intragastric Balloon)
   - 內鏡胃折疊術/袖套胃成形術(Endoscopic Gastric Plication/Endoscopic Sleeve Gastroplasty)

**CHECK POINT**

減重手術並非美容手術，手術的主要目的是利用減重來改善因肥胖而導致的身心問題。病人需要經減重手術醫生評估，確定其生理及心理狀況是否適合接受這種具侵入性風險的治療方法。無論哪一類手術，都需要病人合作，遵從醫生及營養師的指導，並配合適當的運動，才可以達到理想的減重效果。

## 4. 出街食飯有辦法

對都市人來說，外出飲食——尤其是午餐，是難以避免的，有些人甚至一日三餐都在外面吃，連遵守健康飲食原則都有困難，何況是減肥呢？但是，世事無絕對，只要你願意接受註冊營養師的建議，外出用膳也可以吃得很健康。

隨着近年市民的健康意識提高，很多食肆都樂意提供健康菜式。若市民留意到食肆張貼「星級有營食肆」標誌，即表示該商號參與了香港衛生署的「星級有營食肆」運動，推出鮮味有「營」的「蔬果之選」及「3少之選」，有助顧客作出有「營」選擇。

代表菜式的材料全屬蔬果類，或按體積計蔬果類是肉類及其代替品的兩倍或以上。

代表菜式以較少脂肪或油分、鹽分及糖分烹調或製作，符合「3少之選」的要求。

代表食肆每天為「蔬果之選」或「3少之選」的菜式提供優惠。

有「營」食肆名單可參閱衛生署網站 http://restaurant.eatsmart.gov.hk，網站亦有提供搜尋器讓市民尋找健康食肆：http://restaurant.eatsmart.gov.hk/b5/advance_search.aspx。

### 茶餐廳

| 是日健康餐 | 是日健康飲品 | 高脂餐 | 高糖份飲品 |
|---|---|---|---|
| 👍 冬瓜粒湯飯 | 👍 凍 / 熱檸茶 (少甜 / 無糖) | 👎 咖喱牛肉飯 | 👎 汽水 |
| 👍 白切雞 / 豉油雞飯(去皮走汁) | 👍 凍 / 熱檸水 (少甜 / 無糖) | 👎 乾炒牛河 | 👎 凍檸茶 |
| 👍 涼瓜牛肉飯 | 👍 中國茶 | 👎 焗豬扒飯 | 👎 奶茶 |
| 👍 鮮茄肉片飯 | 👍 齋咖啡 | 👎 黑椒雞扒飯 | 👎 咖啡 |
| 👍 西芹雞柳飯 | 👍 代糖汽水 | 👎 枝竹斑腩飯 | 👎 檸蜜 |
| 👍 瘦叉燒飯(少汁/走汁) | 👍 青檸梳打(少甜) | 👎 燒腩飯 | 👎 菜蜜 |
| 👍 北菇雞球湯麵 | 👍 鹹柑桔水(少甜) | 👎 鳳爪排骨飯 | 👎 菠蘿冰 |
| 👍 洋葱豬扒飯(少汁) | 👍 梳打水 | 👎 豉椒排骨炒河 | 👎 紅豆冰 |
| 👍 粟米肉片飯 | 👍 清水 | 👎 星洲炒米 | 👎 好立克 |
| 👍 茄汁雞絲意粉(少汁) | | 👎 芙蓉蛋飯 | 👎 阿華田 |
| 👍 清蒸魚客飯 | | 👎 福建炒飯 | 👎 利賓納 |
| | | 👎 紅燒豆腐飯 | |
| | | 👎 魚香茄子飯 | |
| | | 👎 梅菜扣肉飯 | |

### 茶樓點心

| 輕量級點心(<30%脂肪) | 中量級點心 | 重量級點心 |
|---|---|---|
| ☑ 蒸腸粉 | ☐ 燒賣 | ☒ 排骨 |
| ☑ 蝦餃 | ☐ 棉花雞 | ☒ 鳳爪 |
| ☑ 上素蒸餃 | ☐ 雞扎 | ☒ 山竹牛肉 |
| ☑ 魚翅餃 | ☐ 叉燒包 | ☒ 咖喱魷魚 |
| ☑ 蒸鯪魚球 | ☐ 潮洲粉果 | ☒ 沙嗲牛肚 |
| ☑ 雞絲蒸粉卷 | ☐ 炸雲吞 | ☒ 芋角 |
| ☑ 菜肉包 | ☐ 小籠包 | ☒ 鹹水角 |
| ☑ 雞包仔 | ☐ 煎釀三寶 | ☒ 蘿蔔絲酥餅 |
| ☑ 素菜包 | ☐ 煎蘿蔔糕 | ☒ 叉燒酥 |
| ☑ 蒸饅頭 | ☐ 馬拉糕 | ☒ 腐皮卷 |
| ☑ 雞粥、瘦肉粥 | ☐ 灌湯餃 | ☒ 春卷 |
| ☑ 北菇蒸雞飯 | ☐ 豬皮蘿蔔魚蛋 | ☒ 蓮蓉/奶黃/流沙包 |
| ☑ 蒸蘿蔔糕 | ☐ 珍珠雞 | ☒ 蒸魚頭雲 |
| ☑ 豆腐花(少甜) | | ☒ 千層糕 |
| ☑ 灼菜 | | ☒ 蛋撻 |
| | | ☒ 椰汁糕 |

## 粥粉麵店

| 較健康之選 | 不良之選 |
|---|---|
| 👍 魚蛋、牛丸<br>👍 鮮牛肉、牛筋、牛𦜼<br>👍 雲吞、水餃、菜肉雲吞<br>👍 米粉、米線<br>👍 粗麵、生麵<br>👍 瀨粉、上海麵<br>👍 灼菜(走油)、上湯浸菜、<br>炆冬菇、清湯蘿蔔<br>👍 魚片/鮮牛肉/生菜鯪魚<br>球粥<br>👍 蒸腸粉(少油少醬) | 👎 牛腩、牛雜、牛肚、豬手<br>👎 貢丸、墨魚丸、炸魚蛋、<br>魚春卷<br>👎 魚皮餃<br>👎 伊麵、油麵、即食麵<br>👎 及第粥<br>👎 豬骨、豬膶、豬粉腸粥<br>👎 魚雲粥<br>👎 炸魚皮<br>👎 油炸鬼、炸兩<br>👎 炒麵、炒米粉 |

## 韓式餐廳

| 較健康之選 | 不良之選 |
|---|---|
| 👍 燒蝦、帶子、魚柳、雞肉<br>👍 白飯、素冷麵、熱湯麵<br>👍 雜錦石頭飯<br>👍 燒原條魚(黃花魚、秋刀<br>魚、鯖魚)<br>👍 鮮菇豆腐鍋、海鮮鍋、<br>豆腐湯煲<br>👍 海藻湯、牛骨蘿蔔清湯<br>👍 鮮菜包五穀飯<br>👍 冷麵 | 👎 燒牛肋骨、豬頸肉、牛<br>脷、豬腩肉、豬肋骨、內<br>臟、肥牛肉<br>👎 煎蔥餅<br>👎 炆牛尾煲、牛肋骨煲<br>👎 炒年糕、炒飯、炒粉絲<br>👎 牛腸牛肚鍋<br>👎 部隊鍋 |

## 上海菜

| 較健康之選 | | 不良之選 | |
|---|---|---|---|
| 👍 醉雞(去皮)<br>👍 毛豆百頁<br>👍 蒜泥小黃瓜<br>👍 雞絲粉皮 (少麻醬)<br>👍 鹵水牛𦜼<br>👍 海蜇皮<br>👍 砂鍋雲吞雞<br>👍 酸辣湯<br>👍 清炒/火腿津白<br>👍 冬菇扒棠菜 | 👍 菜肉雲吞<br>👍 肉絲湯年糕<br>👍 清菜燴麵<br>👍 嫩雞燴麵<br>👍 牛𦜼麵<br>👍 蒸花素餃<br>👍 蒸銀絲卷<br>👍 春蔥花卷<br>👍 酒釀丸子 | 👎 素鵝<br>👎 獅子頭<br>👎 紅燒元蹄<br>👎 醋溜黃魚<br>👎 糖醋骨<br>👎 炸脆鱔、鱔糊<br>👎 蔥爆羊肉/牛肉<br>👎 油爆蝦仁<br>👎 賽螃蟹<br>👎 乾煸四季豆 | 👎 蔥油餅<br>👎 上海粗炒<br>👎 炒年糕<br>👎 小籠包、生煎包<br>👎 炸排骨麵<br>👎 擔擔麵<br>👎 炸銀絲卷<br>👎 蘿蔔絲酥餅<br>👎 高力豆沙<br>👎 豆沙鍋餅 |

## 廣東菜

| 較健康之選 | | 不良之選 | |
|---|---|---|---|
| 👍 白切/貴妃/豉油雞 (去皮)<br>👍 薑蔥蒸魚<br>👍 蒜蓉蒸蝦/帶子<br>👍 肉碎蒸水蛋<br>👍 上湯莧菜/豆苗/菠菜<br>👍 涼瓜/蜜豆炒牛肉<br>👍 蘿蔔牛𦜼煲<br>👍 白灼牛肉<br>👍 冬菇蒸雞 | 👍 百花釀豆腐<br>👍 蟹肉扒豆腐<br>👍 冬菇馬蹄蒸肉餅<br>👍 菠蘿炒雞柳<br>👍 雜菜粉絲煲<br>👍 清炒時菜(少油)<br>👍 北菇扒菜膽<br>👍 豆腐煲魚湯/豬𦜼湯<br>👍 花旗參煲清雞湯<br>👍 冬瓜盅<br>👍 白飯、白粥<br>👍 菜遠上湯生麵 | 👎 中式牛柳、京都骨、咕嚕<br>肉、蒜香骨<br>👎 炸子雞、蒜香雞<br>👎 酸甜魚柳、煎魚<br>👎 斑腩煲、豉汁蒸鱔<br>👎 椒鹽蝦、奶油蟹(伊麵底)、<br>椒鹽鮮魷<br>👎 燒腩仔、肥叉燒<br>👎 梅菜扣肉<br>👎 豉汁蒸排骨 | 👎 蘿蔔牛腩煲、咖喱雞、牛<br>腩煲<br>👎 紅燒豆腐、椒鹽炸豆腐<br>👎 魚香茄子煲、枝竹羊腩煲<br>👎 雞油浸豆苗<br>👎 雞腳湯、豬骨湯、豬肺<br>湯、魚頭湯<br>👎 乾燒伊麵<br>👎 各式炒飯、臘味糯米飯 |

## 東南亞餐廳(泰式、越式、印尼菜)

| 較健康之選 | 不良之選 |
|---|---|
| 👍 青木瓜沙律、柚子沙律、雞肉椰菜沙律<br>👍 豬肉/蝦沙律卷、蒸粉卷<br>👍 生/熟牛肉河粉<br>👍 雞絲/海鮮湯河<br>👍 燒豬肉/牛肉/雞肉撈檬粉<br>👍 海南雞飯(去皮跟白飯)<br>👍 香茅燒豬扒/雞扒飯(去皮少汁)<br>👍 炒菜(少油)<br>👍 青檸梳打、柑桔梳打 (少甜)、代糖汽水 | 👎 炒河粉、沙茶牛肉炒河<br>👎 咖喱牛腩/雞/蝦/魚<br>👎 茄汁牛腩煲<br>👎 炸春卷/蔗蝦、炸蝦餅/炸軟殼蟹<br>👎 燒豬頸肉、白雲鳳爪<br>👎 牛油/香茅雞翼<br>👎 越南咖啡、椰汁冰、椰汁黑糯米、椰汁糕<br>👎 椰汁紅豆冰、椰青、汽水 |

## 日式餐廳

| 較健康之選 | | 不良之選 | |
|---|---|---|
| 👍 魚生、壽司、手卷<br>👍 海藻/菠菜/蔬菜沙律(少沙律醬)<br>👍 枝豆<br>👍 麵豉湯<br>👍 凍豆腐<br>👍 冷麵、湯麵、湯烏冬(避免喝湯) | 👍 燒冬菇、青椒、露筍、蕃薯<br>👍 燒雞肉串、秋刀魚<br>👍 碗蒸蛋<br>👍 三文魚飯、魚生飯、牛肉飯(少汁)<br>👍 海鮮火鍋、蔬菜豆腐火鍋<br>👍 燒飯糰、茶漬飯 | 👎 天婦羅、炸物<br>👎 海膽、鰻魚、魷魚、蟹籽、三文魚籽<br>👎 蟹籽沙律<br>👎 日式雪花和牛<br>👎 日式咖喱飯<br>👎 日式炒飯/炒麵 | 👎 日式炸豬扒飯、鰻魚飯<br>👎 日本薄餅、大阪燒<br>👎 炸豆腐/雞<br>👎 燒雞翼、雞皮、牛舌、多春魚<br>👎 肥牛肉卷、煎餃子<br>👎 牛油燒金菇 |

## 西式餐廳

| 較健康之選 | 不良之選 |
|---|---|
| 👍 淨麵包 (可點少許意大利黑醋和橄欖油)<br>👍 茄醬 (Tomato sauce)、白酒汁 (White wine sauce)、水手式醬 (Marinara sauce) 意粉 / 燴意大利飯<br>👍 雜菜沙律 (加紅酒醋、少許橄欖油)<br>👍 雜菜湯、清牛肉湯 (Beef consommē)<br>👍 燒雞 (去皮)、烤魚、烤牛肉卷、意大利肉丸<br>👍 素菜薄餅<br>👍 雪葩 (Sorbet)<br>👍 梳乎厘 (Soufflē)<br>👍 紅酒燴香梨 (Poached pear with red wine) | 👎 蒜蓉包<br>👎 白汁醬(Cream sauce)、芝士醬、香草醬(Pesto)、農家式醬(Carbonara sauce)<br>👎 忌廉湯、牛尾湯、洋蔥湯、周打湯<br>👎 凱撒沙律<br>👎 炸魷魚(Deep fried calamari)<br>👎 千層粉(Lasagna)<br>👎 芝士焗茄子<br>👎 雜錦辣肉腸薄餅<br>👎 炸芝士雞柳(Chicken Parmesan)<br>👎 意大利芝士餅(Tiramisu)<br>👎 心太軟 |

## 快餐(麥當勞、McCafe、KFC家鄉雞)

| 較健康之選 | 不良之選 |
|---|---|
| 👍 漢堡包、芝士漢堡包、煙肉蛋漢堡、芝士蛋漢堡、板燒雞腿包(走醬)<br>👍 雞肉菠蘿意式包、小龍蝦蛋沙律意式包、蘑菇粟米芝味多士、火腿扒碎蛋芝味多士、小麥圈(配忌廉芝士)<br>👍 辣汁蘑菇飯、板燒雞腿扭扭粉<br>👍 雜菜沙律(少醬)、雞扒沙律(香醋汁)、凱撒沙律、粟米(走牛油)、雜菜湯<br>👍 低脂乳酪、低脂牛奶<br>👍 代糖汽水、鮮橙汁、檸檬茶(走甜)、黑咖啡、熱茶、脫脂牛奶咖啡、豆漿、清水 | 👎 巨無霸、豬柳漢堡、炸雞包、魚柳包<br>👎 炸薯條、脆薯塊、薯茸、炸薯角<br>👎 麥樂雞、炸雞、炸雞翼、燒雞翼<br>👎 雪糕新地、奶昔、雪糕杯<br>👎 熱香餅、葡撻、蘋果批<br>👎 汽水、奶蓋飲品、珍珠奶茶、果汁、全脂奶咖啡、焦糖鮮奶咖啡、朱古力奶、蜂蜜檸茶 |

## 台式飲品店

| 較健康之選 | 不良之選 |
|---|---|
| 👍 鐵觀音凍飲、冷泡茶葉茶、麥茶、玄米茶、煎茶、焙茶、菊花普洱茶、桂花茶、水果茶(少甜/走甜)<br>👍 茉香綠茶(無糖)、檸檬紅茶/綠茶、薑汁檸檬茶<br>👍 仙草茶(少甜/走甜)、黑糖薑茶(少甜) | 👎 珍珠奶茶、奶蓋飲品、黑糖珍珠鮮奶奶茶<br>👎 百香果紅茶、芋香奶茶、紅豆奶茶沙冰 |

## 中式飲宴

| 較健康之選 | | 不良之選 | |
|---|---|---|---|
| 👍 燒味拼盤：瘦叉燒、白切雞、海蜇<br>👍 碧綠鴛鴦蚌、蝦球(少汁)<br>👍 清湯翅、蟹肉雞絲翅<br>👍 鮮菇、蟹肉扒雙蔬(少汁)<br>👍 玉環瑤柱甫（少汁） | 👍 清蒸大海斑、蠔皇鮮鮑片(少汁)<br>👍 炸子雞(去皮)<br>👍 上湯水餃湯麵<br>👍 紅豆沙、綠豆沙、桂花糕<br>👍 代糖汽水、中國茶 | 👎 乳豬<br>👎 上湯 / 芝士焗龍蝦(伊麵底)<br>👎 炸蟹拑、脆奶海鮮卷<br>👎 紅燒翅<br>👎 扣鵝掌 | 👎 乾燒伊麵、福建炒飯、臘味糯米飯<br>👎 美點雙輝、蓮蓉蛋黃壽包<br>👎 椰汁西米露、楊枝甘露、芝麻湯圓<br>👎 汽水、果汁、酒 |

## i. 自助餐－不怕「蝕底」攻略

　　自助餐可説是減肥人士的大忌，美食當前，付了錢又不想「蝕底」，真的很難抵抗其誘惑。在這高危環境下，減肥人士應如何應付呢？註冊營養師有以下自助餐必勝攻略。

攻略1：拿菜之前先繞餐檯一周，瞭解當天有甚麼菜式。

攻略2：不要因為怕「蝕底」而吃得過飽。

攻略3：除沙律和蔬菜外，其他食物用細碟盛載，避免一次拿太多，寧願每樣吃一點，喜歡吃的再跑幾趟來拿，不要貪心。

攻略4：吃得差不多的時候，給胃留點水果、餐後咖啡和少量甜品。

### 自助餐健康餐單例子

第1輪：雜菜沙律(少醬或紅酒醋、少許橄欖油)

第2輪：雜菜湯 /清湯 + 1-2個淨麵包(不要牛油)

第3輪：各種魚生、凍蝦、蟹、青口、生蠔、帶子

第4輪：燒雞 /牛柳 1 細片 + 熟蔬菜(少汁)

第5輪：水果 1 細碟 + 少量甜品

第6輪：咖啡 /茶(無糖 /代糖)

## ii. 火鍋－反傳統攻略

　　火鍋(又稱「打邊爐」)是港人最愛之一。傳統「打邊爐」實在太高脂肪，例如先來三、五碟肥牛肉，再來炸魚皮、芝士腸、豬膶、即食麵等，最後才吃一至兩棵蔬菜，減肥人士真的吃不消。所以，營養師在此建議一個反傳統的健康「打邊爐」方法，不妨試試。

攻略1：選健康湯底，如清湯湯底、芫荽皮蛋湯、竹蔗茅根湯、紅蘿蔔粟米湯、鮮番茄湯。

攻略2：要求用「鴛鴦鍋」，一邊鍋下蔬菜，一邊鍋下肉類和較肥膩的材料，避免蔬菜吸收肉類剩餘的油份。現時亦流行「一人一鍋」，可自行選擇湯底和配料。

攻略3：選健康醬料：可以用胡椒粉、葱粒、蒜蓉、薑末、辣椒絲及醋混合醬油作調味。

攻略4：先吃綠葉蔬菜、菇菌類、白蘿蔔、冬瓜片、竹笙、木耳等。

攻略5：吃適量肉類，並選健康配料如：

- ☑ 豆腐、鮮腐竹、玉子豆腐
- ☑ 鯇魚片、蟹柳、海蝦(去頭)、帶子片、桂花蚌、象拔蚌、花膠仔、海參等
- ☑ 魚蛋、鯪魚球/鯪魚滑、牛丸、牛筋丸、蝦丸/蝦滑、雲吞、水餃
- ☑ 瘦牛肉片、牛膑、雞片(去皮)、鴕鳥肉

攻略6：再吃一點芋絲、粟米、粉麵(例如米粉、烏冬、粉絲、生麵等)。

攻略7：不要喝湯底。

攻略8：選低熱量飲品，如清茶、各種代糖汽水、梳打水等。

## iii. 燒烤(BBQ)－愈燒愈瘦攻略

　　港式燒烤的食材離不開雞翼、腸仔、芝士腸、金沙骨等，肉類偏多且蔬菜欠奉，飲的多是汽水啤酒，份量又多，是減肥人士的一大挑戰。大家不妨參考一下以下攻略：

攻略1：瘦身燒烤Shopping List

- ☑ 各種可用來燒烤的美味蔬果，如粟米、青紅椒、意大利青瓜、鮮冬菇、番茄/車厘茄、露笋、鮮菠蘿、香蕉、蕃薯、南瓜片、小洋葱、栗子等。
- ☑ 飽肚五穀類，如法式麵包、麥包、上海年糕、飯糰等。
- ☑ 新鮮低脂魚類/海鮮，如帶子、青口、虎蝦、大蜆、蠔、鮮鮑魚、原條鯖魚、沙甸魚、三文魚扒、鮮魷魚等。
- ☑ 健康肉丸，如魚丸、牛丸、蝦丸等。
- ☑ 低脂肉類，如雞扒(吃時去皮)、鴕鳥扒、豬扒、牛柳、牛仔柳、羊腿。
- ☑ 各種代糖汽水、梳打水、礦泉水、無糖綠茶 /烏龍茶、自製無糖五花茶 /檸檬薏米水。

攻略2：健康醃料 /調味料

- ☑ 黑 /白胡椒粉
- ☑ 蒜蓉 /薑蓉
- ☑ 青檸汁、檸檬汁、橙汁
- ☑ 稀釋蜜糖
- ☑ 香草：迷迭香、羅勒、薄荷、香茅
- ☑ 咖喱粉、紅椒粉(Paprika)、鮮辣椒醬(Tabasco)、蒜粉

攻略3：控制份量

- ☑ 減肥人士可先吃蔬菜和較飽肚的食物，如燒青紅椒、車厘茄、小洋葱和鮮冬菇等；然後吃1-2段粟米和1-2片麵包(可夾蔬菜同吃)。
- ☑ 再吃海鮮(如帶子、青口、蝦、蠔)1-2件，和一條細沙甸魚或鯖魚，2-3 粒肉丸。
- ☑ 最後才吃半塊扒類。
- ☑ 甜品以燒香蕉、燒菠蘿或蕃薯代替。

29

## 5. 兒童keep fit篇

根據香港衛生署學生健康服務的數據顯示，小學生2016/17學年的超重和肥胖檢測率為17.6%，而中學生同期的相應檢測率為19.9%。肥胖兒童患上長期慢性病，如高膽固醇、高血壓和糖尿病不僅有上升趨勢，且肥胖可以導致社交和心理的問題，例如受歧視、自我形象欠佳、自卑和缺乏自信，所以不容忽視。兒童減肥跟成人不一樣，以下是一些不可忽視的要點。

### i. 兒童減肥要謹慎

+ 成長期間不適宜胡亂節食，以免影響發育，應找註冊營養師指導。
+ 應減慢增磅速度，當高度隨年齡增長，身高體重便可平衡。
+ 教導孩子認知及自律。
+ 給予支持和鼓勵。
+ 注意均衡飲食。
+ 家人必須示範良好榜樣，給予正確營養知識，改善生活習慣。
+ 日常及在校內增加運動 /活動量，改善體能，消耗脂肪。
+ 每日限制看電視、上網或打遊戲機不多於1-2小時。
+ 填寫飲食記錄表。
+ 每星期磅重最少1次，以監察進度。

### ii. 打倒「為食蟲」秘笈

在減肥的過程中，很多過重或肥胖的小朋友時常都會受「為食蟲」的引誘，忍不住吃額外或不適當的食物。就算不肚餓，亦會因為無聊、「口痕」而吃零食。以下是一些幫助打倒「為食蟲」的招式，家長和朋友可以多加支持和鼓勵，小朋友就更容易成功。

**第一式 偷龍轉鳳**

選擇相似但較低糖及低脂的健康小食，代替高熱量的食物。

| 想吃的零食 | 代替的健康小食 |
|---|---|
| 雪糕 | 低脂水果乳酪、乳酪雪條、急凍水果(香蕉、菠蘿) |
| 糖果 | 切粒水果、代糖香口膠或口香糖 |
| 薯片 | 低脂燕麥方脆或無鹽果仁 |
| 汽水 | 低卡路里飲品如代糖(健怡)汽水、無糖綠茶 /烏龍茶、有氣礦泉水、梳打水 |

**第二式 轉移目標**

想吃東西時，改做一些自己喜歡做的事情，如砌拼圖、看漫畫或做運動等，以分散注意力。可培養其他健康嗜好，多參加戶外活動如打籃球、游泳或假日與家人行山，有助強健體魄及增加熱量消耗。

**第三式 理財有道**

省下買零食的預算，儲起或用來買自己喜歡的東西，如文具、圖書或玩具等；或捐出零用錢作慈善用途，幫助有需要的人。

**第四式 適可而止**

當「口痕」難擋時，少量零食有助放鬆心情和增加體力，但記得適可而止，不要一下子統統吃光！

**第五式 四大皆空**

減少在家中存放高糖份、高脂肪的食物，以免受引誘。遠離以前常經過及買零食的熟食檔、快餐店及便利店等。

恭喜你！當你以決心和毅力練成以上五式時，你已經在減肥的成功路上邁進一大步。

## 個案一：

子俊今年剛剛8歲，讀2年級，有個6歲的弟弟。子俊出世時，體重正常，約有3公斤(約6.6磅)。他現時身高1.26米、重 40 公斤(約88磅)。子俊的爸媽都屬肥胖型，爸爸從事文職工作經常夜歸，媽媽是家庭主婦。聽他媽媽說，子俊是個很「貪吃」的小孩，零用錢全用來買零食，不愛運動，最愛打遊戲機、上網和看電視。相反，子俊的弟弟子明明顯偏瘦，吃很少，又愛跑來跑去。子俊媽媽因擔心弟弟不夠「壯」，常常帶兩兄弟去吃Pizza、漢堡包和煮雞翼、腸仔給他們吃，家中又放了很多零食，如夾心餅、紙包飲品、蛋糕和雪糕等。在一次學校的健康評估中，護士跟子俊說他屬過重需要減肥，應少吃一點及多做運動。他很不開心，回家告訴媽媽：「我以後甚麼都不能吃！」子俊的媽媽應怎辦？

### 註冊營養師解構及建議：

子俊現時的體重在兒童成長表(P.11)的排行百份比大過97，身高處於50-75之間，屬於肥胖，有機會提早患上長期疾病，所以家長必須正視。但是，兒童成長期間不適宜胡亂節食或減肥，以免影響發育，故宜找註冊營養師指導飲食。兒童的減磅速度應比成人慢，最好讓身高隨年齡增長以平衡體重。即是說，子俊由現在開始不增磅就可以了。

他必須注意均衡飲食，汲取正確營養知識，改善生活習慣。因為子俊的爸媽也是肥胖人士，他們應成為兒子的良好榜樣，跟子俊一同遵守健康飲食原則和多做運動來控制體重。媽媽亦應減少帶子俊兩兄弟去吃快餐，因為那些食物無論對過重或過瘦的孩子都不太健康；亦應減少在家裏貯存大量高脂高糖零食和飲品，改以水果、乾果、低脂乳酪、脫脂奶、豆奶和麥餅代替。餸菜方面，可用去皮雞扒、瘦肉或瘦豬扒代替雞翼和腸仔，也可多吃魚、豆腐和蔬菜，營養一樣豐富；烹調方式以蒸、焗、炆、灼、少煎炸為主。日常生活和在學校裏，子俊應增加運動及活動量，每日抽30分鐘做運動，改善體能之餘又可消耗脂肪。另外，也要限制他每天看電視、上網或打遊戲機不多於1-2小時。有空時，可跟弟弟玩耍或幫媽媽打掃，增進感情。爸媽可鼓勵子俊省下買零食的錢，儲起或用來買自己喜歡的東西，如文具、圖書或玩具等。

子俊應記錄每天吃過的食物和運動量，並每星期磅重跟進。然後，每星期跟爸媽檢討，養成均衡飲食和恆常運動的習慣。

## 個案二：

　　阿Sue今年18歲，個子中等，身高約1.60米。自小便在一個非常愛吃的家庭中長大，任何時候，家裏都備有大量食物和零食。她現時仍然在學，閒時會吃薯片、曲奇餅、朱古力等來解悶。她晚上愛上網跟朋友聊天，睡前必吃宵夜來填肚。另一方面，她的家人都要工作，無時間在家煮飯，便順理成章變成了「無飯」家庭，差不多每餐都出外進食，阿Sue特別愛吃美式快餐。自13歲開始，她的體重每年遞增15磅，現時已有 220磅(即100公斤)，腰圍38吋，脂肪百分比48%。因她由細到大都是可愛「肥妹仔」，家人和朋友都沒勸她減肥，她也沒有任何不適，所以自己都沒有這個打算。你認為呢？

### 註冊營養師解構及建議：

　　以現時阿Sue的體重和身高計算，身體質量指數為39公斤/米$^2$，比正常體重多出了90磅，屬嚴重肥胖，腰圍及脂肪百分比亦嚴重超標。雖然她現時身體沒有不適，但長此下去，患糖尿病、心臟病、高血壓、癌症和不育症的機會必定增加。註冊營養師建議阿Sue的家人或朋友要帶她諮詢家庭醫生，作詳細檢查或驗身，確定她是否已患上跟肥胖有關的疾病，再轉介註冊營養師，幫她控制體重。

　　註冊營養師會讓阿Sue認知到現時的肥胖程度和嚴重性，再與她訂立一個可行的目標，即首先減去原來體重的8-10%。計算起來，阿Sue先要減去22磅，減磅速度為每星期1-2磅，不必過急。註冊營養師評估過她的飲食習慣後，便會按她的習慣和口味度身訂造飲食計劃(俗稱「餐單」)。營養師亦會教她一些營養知識，例如每天所需的營養素、出外飲食要點(P.25)、健康零食選擇(P.148-153)，也會建議她修正行為，如不要用食物解悶和早點睡覺來避免吃宵夜等。阿Sue要將每天吃過的食物記錄下來，每1-2星期便要會見營養師跟進。運動方面，她應從「少量」做起，如每天進行20分鐘，慢慢增至30分鐘。若需要特別指導，可請教體適能教練或物理治療師。當完成第一個減磅目標後，才訂立第二個目標。因為長遠來説，阿Sue不只要減掉22磅那麼少呢！

# IV. 減肥常見問題 Q & A

## Q1. 工作要加班，晚上9時後進食會較易肥？

A1. 近年有科學研究顯示，太晚進食會增加肥胖的風險，可能的原因如下：

第一，太晚進食不但影響人體生理時鐘，而且午餐到晚餐相隔時間太長，有機會餓得太久便忍不住多吃了；

第二，可能因為太晚出外用餐，選擇不多，只能吃較高脂的快餐；

第三，吃飯後無暇做運動，所以致肥，與時間沒直接關係。

可嘗試每日在午餐和晚餐之間吃一份低脂小食，如麥包、麥餅、水果、脫脂奶或豆漿等，減少饑餓感，又可以避免晚餐時忍不住吃過量。另外，亦可在工作期間抽空早一點吃飯，如吃一碗簡單的肉片湯麵加灼菜，或吞拿魚三文治加脫脂奶，回到家時再吃水果，就可減少晚餐吃過量，除了要注意每日吸收的總熱量要少過消耗(收入少過支出)，避免太夜吃晚飯及宵夜，都有助控制體重。

## Q2. 飯前吃水果可以減肥？

A2. 若飯前吃水果那麼簡單可以減肥，減肥人士豈不是不需做運動和節食？吃水果的時間跟減肥沒直接關係，唯一的解釋是餐前吃了水果可令人感飽肚，因此正餐時可能會吃較少而間接攝取的熱量少了。但不要忘記水果也含有熱量(可參考P.146)，吃過多也會致肥。如果你每一餐都吃得健康均衡，無論餐前餐後吃水果都可以。

## Q3. 不吃飯只吃餸可以減肥嗎？

A3.

| 一中碗白米飯 | | 4安士煎豬扒 |
|---|---|---|
| 242卡路里 | < | 270卡路里 |
| 0.4克脂肪 | | 12克脂肪 |

只要比較白飯和肉類的熱量和脂肪含量，很容易明白吃飯為甚麼不會致肥。不吃飯隨時可能吃多了油膩的餸菜，正餐吃不夠澱粉質亦會很快感到肚餓，繼而找零食如餅乾、薯片、花生等「填肚」，反而攝取更多熱量，變成愈減愈肥。

米飯能提供身體所需的糖份和維他命B來維持正常身體機能、新陳代謝率和腦部運作，同時提供纖維令腸道暢通(尤其是紅米、糙米)，不吃飯(即澱粉質)只會令身體疲倦、無力、精神不集中、減慢新陳代謝、便秘。所以，減肥期間必須吃適量的高纖米飯或其他五穀類如麵、麵包、意粉、薯仔等來維持均衡飲食。

## Q4. 運動後進食會容易吸收嗎？

A4. 很多人以為做完運動後進食會特別吸收，他們甚至會等2小時，餓至「手軟腳軟」才吃東西，這是完全不對的！跟太晚進食致肥這傳聞一樣，運動後進食會致肥還沒有科學根據。有些人運動後進食致肥，很可能是因為他們以為做了運動便可放膽多吃，甚至吃一些高脂高熱量的食物，如餐肉蛋即食麵(約720卡路里 = 跑步102分鐘)或炸雞翼薯條(約560卡路里＝跑步80分鐘)等，這樣吃就算做運動都是白費心機。

其實，若運動後進食健康均衡的一餐，例如吃一碗糙米飯配少量肉類和大量蔬菜，其熱量並不會超越身體所需而導致發胖，反而可以讓肌肉和肝臟補充運動時流失的醣質(碳水化合物)，和修補受損的肌肉組織，有助提高下次運動的表現。若運動後不想吃正餐，也可以吃一個水果、一杯低脂乳酪、脫脂奶或一條低脂纖麥條補充。

## Q5. 有甚麼食物可消脂或減肚腩？

A5. 坊間傳聞吃西柚可消脂加快減肥速度，又聽聞喝茶可幫助去油膩，更有傳言說吃卵磷脂(Lecithin)補充劑可分解脂肪……重申一次，這些所謂的減肥方法全部沒有科學根據。唯一可以有效地消脂的方法，是減少攝取熱量及多做帶氧運動，並無捷徑。

## Q6. 近日看醫生，因為比標準體重重了25磅，醫生要求我減肥。食麥片做代餐，食了兩日，自覺放多了屁而且很臭，還便秘。如果三餐裏其中兩餐食麥片、一餐正常餐，可成功減肥嗎？可行嗎？

A6. 雖然麥皮熱量低，但纖維甚高。人體不能消化纖維，如果大量進食，大腸內的細菌會令這些纖維發酵，產生氣體(即放屁)，所以不宜過量進食。控制體重需要可以長期維持的健康飲食習慣，如果三餐裏其中兩餐食麥片，未必可以長期實行，那餐正常餐亦可能會吃得過多，不能控制體重。過重及肥胖人士應諮詢註冊營養師，安排個別營養輔導。

## Q7. 飯後站立不坐下可以減肚腩？

A7. 請看下表：

| 端坐 1 小時 | | 站立 1 小時 | | 急步行1小時 |
|---|---|---|---|---|
| 熱量消耗：90 卡路里<br>(每分鐘消耗 1.5 卡路里) | < | 熱量消耗：150 卡路里<br>(每分鐘消耗 2.5 卡路里) | < | 熱量消耗：330 卡路里<br>(每分鐘消耗 5.5 卡路里) |

所以，午晚餐飯後急步行半小時總比站立1小時更有效減肥。試想想，若你每天都急行多1小時，每年便能消耗120,450卡路里(330卡路里x 365日)，相等於減掉34磅脂肪，到時你的肚腩一定不見了！

## Q8. 素食可以減肥？

**A8.** 有些人認為不吃肉改吃素必定可以減肥，這並不是完全正確的。

吃少了肉類可以減少攝取飽和脂肪和膽固醇，但不要忘記，許多中式素菜、齋菜為了模仿吃肉類的效果，烹調時加入了大量脂肪、調味品和醬汁，甚至油炸，把本來健康的食物弄至不健康。例如一碟羅漢齋飯便含有900卡路里和9茶匙油。素魚香茄子、椒鹽豆腐、葡汁焗四蔬、齋鹵味、素鵝、蘿蔔絲酥餅、椰汁糕等均屬高脂的中式齋菜，多吃無益。如果想以茹素來控制體重，都要遵守健康素食的飲食原則，保持均衡營養，並控制熱量。

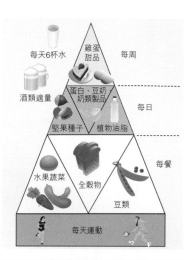

## Q9. 聽說減肥時最好一滴油都不吃，最好用茶清洗一下食物才吃，真的嗎？

**A9.** 脂肪是身體必要營養素之一，它能提供能量和必須脂肪酸、建造細胞膜、賀爾蒙及神經系統、調節體溫、促進脂溶性維他命吸收、提供食物味道、質感和質素及產生飽感，而好脂肪有助降低患心臟病的機會。根據美國農業部2005年的飲食指引( USDA Dietary Guidelines for American 2005 )指出，每日總脂肪攝取量少於20%會令身體缺乏維他命E和必要脂肪酸，令血內好膽固醇和提升三酸甘油脂的水平下降。極低脂飲食(只含約10 - 19%脂肪)會導致缺乏維他命E、B12、 D和鋅，故減肥時不需要一滴油都不吃。用茶清洗一下食物只可去除食物表面少許油份，對減肥沒有大幫助，所以大可不必，只要適量進食和選有益油類便可。(參考P.18瘦身健康廚房)

## Q10. 有甚麼運動可局部減肥？

**A10.** 做仰臥起坐(Sit-up)可以減肚腩？練呼拉圈可以令腰圍更幼？舉啞鈴可以減Bye Bye肉？對不起，局部減肥是不可能的。若一個體重300磅的人每天只做200下Sit-up，不做帶氧運動又不控制飲食的話，必定一磅都減不到，甚至令腰部受傷。

只要做足夠的帶氧運動，多餘脂肪都會轉化成熱量，令身體整體地瘦下來。做Sit-up或舉啞鈴等阻力運動(Resistance exercise)可令肌肉收緊，增加肌肉和令減肥後的線條更美，所以除了做日常的帶氧運動外，亦不妨加入一些阻力運動。現時亦流行在家中進行高強度間歇性運動(High Intensity Interval Training，HIIT)，可嘗試跟着教學影片一起做，但謹記亦要循序漸進，量力而為，減少受傷機會。

## Q11. 喝啤酒才致「啤酒肚」，飲紅酒會較健康？

**A11.** 外國人多稱大肚腩為「Beer Belly(啤酒肚)」，是因為一些國家的人(如英國和德國)傳統上喝許多啤酒。

1罐355毫升的啤酒含153卡路里，跟喝1罐汽水無異。即是說，若連續23天，每天喝1罐，就會增加1磅脂肪；每天喝2罐，12天後可增加1磅脂肪，如此類推。不要以為喝紅酒會好一點，因為每一小杯紅酒(約150毫升)已含125卡路里，喝2杯便相等於多吃了1碗飯的熱量。

 153卡路里 × 23罐
=1磅脂肪

 125卡路里 × 2杯
=1碗飯

喝過量酒精除了會致肥，還會影響肝功能，患有脂肪肝的人士要特別留意，盡量少喝。不管為瘦身還是為健康，都應該限制喝酒，女士每天宜不超過1份酒精*，男士不應喝超過2份。

*1份酒精＝1罐355毫升啤酒、150毫升紅酒、30毫升烈酒。

## Q12. 早、午餐多吃點，晚餐吃最少可助減肥，真的嗎？

**A12.** 晚餐吃得最少是不必要的，晚餐吃不夠只會令你更想吃宵夜和飯後吃零食。

**怎樣分配一日三餐加一餐小食？**

| 早餐 400卡路里 | 午餐 500卡路里 | 小食 100卡路里 | 晚餐 500卡路里 |
|---|---|---|---|
| 每天總攝取量：1500卡路里 | | | |

美國國家重量登記中心(National Weight Control Registry)指70%成功減肥人士，都有吃早餐的習慣，而早餐主要以五穀類和水果為主。吃早餐有助體控，主要因為可減少午餐時過量進食。除五穀類和水果外，近年有科學研究指出，在早餐加入適量蛋白質如雞蛋、吞拿魚、瘦肉、牛奶、豆漿等，能減慢食物消化的速度，令早上的飽感更持久，有助控制午餐和晚餐的食量。

如出外進食午餐，要保持較低脂選擇(參考P.25)和控制食物份量。自攜午餐可跟隨衛生署建議的3-2-1比例，把一個餐盒容量平均分為六格，五穀類應佔三格，蔬菜佔兩格，而肉類佔一格。

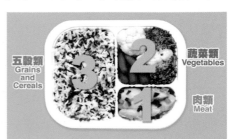

## Q13. 吃碳水化合物/澱粉質會致肥，減肥期間最好不要吃飯？

**A13.** 很多人以為吃澱粉質(即粥、粉、麵、飯、麵包、薯仔、水果，甚至乎奶類產品)會致肥，但其實只要不過量進食便可。建議減肥時的正餐，可選一些高纖低升糖指數的五穀類作為澱粉質，包括紅米、糙米、全麥包、全麥意粉、藜麥、燕麥片等。

每餐食用適量高纖澱粉質，能增加有益的營養素之餘，亦會增加飽足感。完全戒掉澱粉質有機會產生不良反應，例如肚餓、低血糖、疲倦、便秘、頭暈，甚至影響情緒，長期會引致肌肉流失和營養不良。就算戒掉全部澱粉質有助短期內減去體重，但當再進食澱粉質的時候，有機會導致體重回升。

## Q14. 鮮果汁比汽水健康，減肥期間應以果汁代替汽水？

**A14.** 一杯鮮橙汁的熱量有112卡路里，相等於3/4杯普通汽水的熱量，且缺乏了纖維素。所以，吃一整個水果比喝果汁好，因纖維素可增加飽感及保持腸臟暢通。建議減肥期間每天吃2-3份水果。而1份相等於以下份量：

蘋果1個(細)

橙1個(細)

芒果1/3個

沙田柚2片

提子8-10粒

西瓜中半碗

## Q15. 果仁是致肥的食物，應嚴禁進食？

**A15.** 果仁含豐富不飽和脂肪、蛋白質、維他命E、硒和纖維素，有益心臟健康，但同時熱量亦高。可是與薯片、蝦條、朱古力或餅乾等零食相比，果仁會較為健康。一安士(約23粒杏仁)果仁含163卡路里和14克脂肪(即3茶匙油)，減肥人士可以適量進食。

# V. 4 星期（28 天）改善飲食及生活模式的實戰計劃

## 第一週餐單及每日一貼士

| | 餐單 | 今日飲食小貼士 | 今日運動小貼士 |
|---|---|---|---|
| **第1日** | 🍽 早　餐：雜莓高纖乳酪杯 1 份 (P.44)<br>🍴 午　餐：雲吞麵1碗、灼菜心1碟(走油)、中國茶<br>☕ 下午茶：全麥餅乾 3-4 塊<br>🍲 晚　餐：節瓜瑤柱肉片湯、白飯 1 中碗、番茄煮牛肉 *( 牛肉 12 片、番茄 1 碗 )<br>🧁 晚小食：橙 1 個 | 💡 選擇飲品如檸檬茶、奶茶或咖啡等時，應減少加入糖份，或以代糖代替砂糖，有助減少攝取額外卡路里。 | 💪 由今天開始立定決心每星期做最少4次運動，每次約30分鐘。 |
| **第2日** | 🍽 早　餐：皮蛋瘦肉粥 2 中碗、中國茶 1 杯<br>🍴 午　餐：毛豆帶子紅米飯 1 份 (P.70)、蘋果 1 個<br>☕ 下午茶：車厘茄 10 粒<br>🍲 晚　餐：豆腐滾魚尾湯、糙米飯1中碗、肉碎粉絲蒸蛋1份(P.80)、灼白菜仔 1 碗<br>🧁 晚小食：栗子茸糯米糍 1 個 (P.120) | 💡 不要吃光桌上所有食物，可剩下三分一，若不想浪費食物，可包起留待下一餐或留給其他人吃。 | 💪 做運動應循序漸進，切忌操之過急。如果剛開始做運動，可每天急步行20分鐘，然後增加至30分鐘。 |
| **第3日** | 🍽 早　餐：芝麻餐包 1 個、脫脂奶 1 杯<br>🍴 午　餐：瘦叉燒飯 1/2 碟 (走汁)、灼生菜 1 碟 (走油)<br>☕ 下午茶：啤梨 1 個<br>🍲 晚　餐：冬瓜粟米瑤柱湯 (P.100)、紅白米飯 1 中碗、洋蔥燴雞扒 *(去皮)1 塊 (3 兩)、清炒荷蘭豆 1 碗 (少油)<br>🧁 晚小食：布冧 1 個 | 💡 避免選擇午餐肉、香腸及罐頭肉類，以火腿、燒火雞肉、雞胸肉或燒牛肉代替上述肉類，作為三文治餡料或早餐的配料。 | 💪 由今天開始，乘搭巴士或地鐵時提早一兩個站下車，步行至目的地。 |
| **第4日** | 🍽 早　餐：脫脂牛奶麥皮 1 中碗 (少甜 / 代糖)、全麥包 1 片<br>🍴 午　餐：日式雜錦冷麵、麵豉湯 1 碗<br>☕ 下午茶：梳打餅 1 包<br>🍲 晚：中式羅宋牛脹湯 (P.102)、意粉 1 中碗半、煎三文魚扒 4 安士 (少油)、雜菜沙律 1 份 (少醬)<br>🧁 晚小食：藍莓 1/2 碗 | 💡 多選白肉(如雞肉、魚及豆腐)代替較高脂肪的紅肉 ( 如牛肉、豬肉及羊肉等)作食材。 | 💪 出門前帶上計步器有助監測日常活動量，每天只要多走2,000步，便可燃燒額外100卡路里。 |
| **第5日** | 🍽 早　餐：芝士蘑菇蛋白奄列 1 份 (P.52)<br>🍴 午　餐：鮮牛肉粥 2 中碗、灼芥蘭 1 碟 (走油)<br>☕ 下午茶：香蕉 1 細隻<br>🍲 晚　餐：青紅蘿蔔瘦肉湯、白飯 1 中碗、錦繡雞粒 1 份 (P.82)、菜心 1 碗<br>🧁 晚小食：木瓜半碗 | 💡 炒餸應使用易潔鑊，並只加入少量優質植物油(如橄欖油、芥花籽油等)來烹調。 | 💪 乘搭升降機時，在較低層數步出，然後行樓梯至要去的樓層。 |
| **第6日** | 🍽 早　餐：蒸蝦米腸粉 4 條 (少醬)、鮮檸檬茶 1 杯 ( 少甜 / 走甜)<br>🍴 午　餐：迷你夏威夷薄餅 1 份 (P.64)、代糖汽水 1 罐、提子 10 粒<br>☕ 下午茶：無鹽杏仁 10 粒<br>🍲 晚　餐：番茄大豆芽瘦肉湯、糙米飯 1 中碗、薑蔥蒸魚 4 兩 (8 湯匙)、上湯豆苗 1 碗<br>🧁 晚小食：香梨 1 個 | 💡 飲湯前，應先用隔油湯壺撇去湯面上的油份，也可以將湯水預先冷藏，待油份凝結後除去，然後再煲熱飲用。 | 💪 在家傾電話時來回踱步，增加運動量。 |
| **第7日** | 🍽 早　餐：火腿湯米粉 1 碗、煎蛋 (免蛋黃)1 隻、奶茶 1 杯 (少奶，少糖)<br>🍴 午　餐：珍珠雞 1 隻、雞包仔 1 個、蒸點心 #4 粒、灼娃娃菜 (走油)1 碟<br>☕ 下午茶：蘋果 1 個<br>🍲 晚　餐：海鮮湯烏冬 1 中碗、雜菜沙律 1 份 (少醬)<br>🧁 晚小食：纖纖楊枝柑露 1 份 (P.126) | 💡 切去雞肉、牛肉及豬肉上可見的脂肪才烹調或食用。 | 💪 午飯後與同事出外散步20分鐘才返回辦工室工作。 |

\* 所有菜式需用少油烹調。

\# 蒸點心只限於選擇蝦餃、燒賣、菜肉餃、上素蒸餃、魚翅餃、蒸鯪魚球。

## 第二週餐單及每日一貼士

| | 餐單 | 今日飲食小貼士 | 今日運動小貼士 |
|---|---|---|---|
| **第8日** | 早　餐：低脂芝士番茄五穀包三文治 1 份<br>午　餐：雞絲湯檬粉1碗、灼通菜1碟(走油)、青檸梳打(少甜/走甜)<br>下午茶：脫脂奶 1 杯<br>晚　餐：雪梨南北杏瘦肉湯、白飯 1 中碗、草菇洋葱牛柳絲 1 份 (P.96)(牛柳 3 兩、草菇洋葱 1 碗)<br>晚小食：意式陳醋草莓新地 1 份 (P.124) | 限制每餐進食不多於3至4安士份量(約一盒紙牌大小)的肉類或魚類。 | 今天不使用扶手電梯，多行樓梯。 |
| **第9日** | 早　餐：瘦身八寶粥 2 中碗 (P.50)<br>午　餐：冬菇馬蹄蒸肉餅飯 2/3 份 (少汁)、灼菜心 1 碟 (走油)<br>下午茶：高鈣低糖豆漿 1 杯<br>晚　餐：番茄蘿蔔絲魚尾湯 (P.104)、紅白米飯1碗、白切雞(去皮)3 兩、蒜茸上湯菠菜 1 碗<br>晚小食：橙 1 個 | 進食時吃慢一點，慢慢咀嚼，較易達到飽肚感，從而避免增添食物份量。 | 減少以電郵或電話溝通，在辦工室內主動前往同事的座位面談。 |
| **第10日** | 早　餐：鮮牛肉通粉 1 中碗、鮮檸檬水 1 杯 (少甜 / 代糖)<br>午　餐：三文魚紫菜飯糰 2 個 (P.58)、奇異果 1 個、綠茶 1 杯<br>下午茶：3 合 1 原味低脂即沖麥皮 1 杯<br>晚　餐：清補涼瘦肉湯、糙米飯 1 中碗、青瓜雲耳炒肉片 *(肉片 12 片、青瓜雲耳 1 碗)<br>晚小食：紅提子 10 粒 | 嘗試一星期3次自製健康午餐飯盒，減少出外進食。以多菜少肉為原則，配以糙米或紅米飯等五穀類來增加飽感和纖維素。 | 晚飯後與家人散步30分鐘，幫助消化和消脂。 |
| **第11日** | 早　餐：煙三文魚忌廉芝士鬆餅 1 份 (P.54)、脫脂奶 1 杯<br>午　餐：牛筋麵 1 碗、灼芥蘭 1 碟 (走油)、中國茶 1 杯<br>下午茶：雪梨 1 個<br>晚　餐：雪耳煲豬脹湯、白飯 1 中碗、低脂咖哩雞 1 份 (P.90)、上湯小棠菜 1 碗<br>晚小食：青蘋果 1 個 | 每餐應吃至8分飽，不要強行吃完所有食物。 | 以計步器記錄步數，今天一定要步行達至6,000步才回家。 |
| **第12日** | 早　餐：香蕉 1 隻 (大)、低脂乳酪 1 杯<br>午　餐：西芹雞柳飯 1/2 碟 ( 少汁)、鮮檸檬茶 1 杯 (少甜 / 代糖)<br>下午茶：杏脯肉 5 粒<br>晚　餐：合掌瓜章魚煲豬脹湯、紅白米飯 1 中碗、蒜茸豆豉蒸三文魚扒 4 兩、清炒豆角 1 碗 (少油)<br>晚小食：酒釀丸子 1 份 (P.114) | 避免進食一整排朱古力，宜淺嚐一小塊，滿足味覺為止。 | 放工後去買一對新波鞋作獎勵，提醒自己一定要多運動。 |
| **第13日** | 早　餐：高纖粟米片 1 碗、高鈣低糖豆漿 1 杯<br>午　餐：蝦米肉絲湯年糕 1 份 (P.74)、中國茶 1 杯<br>下午茶：紅豆砵仔糕 1 個 (P.142)<br>晚　餐：瘦身八寶粥 2 碗 (P.50)、芹菜豆乾炒肉絲 1 份 *(豆乾 3 塊、芹菜 1 碗)<br>晚小食：番石榴 1/2 個 | 喜好甜點人士應避免進食整份甜品，只吃少量或與他人分享，以淺嚐為目標。 | 今天選擇離辦工室較遠的餐廳出外用餐，多走一點路。 |
| **第14日** | 早　餐：煙肉蛋漢堡 1 個、咖啡 1 杯 (少奶 / 少糖)<br>午　餐：魚片粥 2 中碗、灼生菜 1 碟 (走油)<br>下午茶：西瓜 1/2 碗<br>晚　餐：花旗參螺頭煲雞湯 (P.106)、白飯 1 中碗、白灼蝦 6 隻、香茅清湯蜆 1 份 (P.86)、蒜茸炒西蘭花 (少油)<br>晚小食：火龍果 1/2 個 | 減肥期間應定時進食，少吃多餐，不要過飢或過飽。 | 看電視時，可同時原地踏步20分鐘。 |

\* 所有菜式需用少油烹調。

# 第三週餐單及每日一貼士

| | 餐單 | 今日飲食小貼士 | 今日運動小貼士 |
|---|---|---|---|
| 第15日 | 🍽 早　餐：西芹吞拿魚麥包三文治1份 (P.48)、鮮檸檬水1杯 (少甜 / 走甜)<br>🍽 午　餐：粟米菠蘿火腿炒糙米飯1份(P.68)、蘋果1個<br>☕ 下午茶：即食栗子8粒<br>🍲 晚　餐：花生木瓜豬䐃湯、白飯1中碗、蜜豆炒牛肉*(牛肉3兩、蜜豆1碗)<br>🧁 晚小食：車厘子8粒 | 💡 以無糖飲料(如清水、有氣礦泉水、綠茶或代糖汽水等)代替高糖份的飲料或汽水。 | 💪 不妨打電話約朋友在這週末一起做運動，如打羽毛球、打籃球或踢足球。 |
| 第16日 | 🍽 早　餐：菜肉包2個、香茅薑茶1杯 (P.130)<br>🍽 午　餐：壽司6件、芝麻菠菜沙律1份、綠茶1杯<br>☕ 下午茶：低脂意式黑糖曲奇1份 (P.136)<br>🍲 晚　餐：芥菜豆腐肉片湯、紅白米飯1中碗、金針雲耳蒸雞*(去皮) 3兩、蒜茸炒油麥菜1碗 (少油)<br>🧁 晚小食：鮮菠蘿2片 | 💡 外出用餐時，應避免過量點菜，並注意保持平日進食份量，避免大吃大喝。 | 💪 獨自散步時，不妨聽一些節奏輕快的音樂來娛樂自己。 |
| 第17日 | 🍽 早　餐：蜜香十多啤梨香蕉奶昔 (P.116)、全麥餅2塊<br>🍽 午　餐：魚蛋湯米粉1碗、灼菜心1碟 (走油)<br>☕ 下午茶：無鹽腰果10粒<br>🍲 晚　餐：老黃瓜煲扁豆赤小豆湯 (P.108)、糙米飯1中碗、肉碎煮豆腐*、上湯芥菜膽1碗<br>🧁 晚小食：低脂藍莓乳酪雪條1條 (P.122) | 💡 飲用咖啡或茶時，可選擇加入脫脂或低脂奶，代替咖啡伴侶、忌廉或花奶。 | 💪 不要常常只顧上網或看電視，立即起身走走吧！ |
| 第18日 | 🍽 早　餐：高纖纖麥棒1條、高鈣低糖豆漿1杯<br>🍽 午　餐：雜菜湯1碗、茄汁海鮮意粉2/3份、鮮檸檬水1杯 (走甜 / 少甜)<br>☕ 下午茶：奇異果1個<br>🍲 晚　餐：洋葱薯仔木棉魚湯、白飯1中碗、翡翠雜菌炒帶子1份 (P.78)、清炒苦瓜 (少油)<br>🧁 晚小食：橙1個 | 💡 多選擇清湯或蔬菜湯代替各式忌廉湯。 | 💪 多帶愛犬出外散步，你和你的愛犬都會更健康。 |
| 第19日 | 🍽 早　餐：果占麥包多士2片、脫脂奶1杯<br>🍽 午　餐：肉片米粒湯飯1碗、代糖汽水1杯<br>☕ 下午茶：低脂果味乳酪1杯<br>🍲 晚　餐：蒜茸白酒蜆肉天使麵1份 (P.60)、雜菜沙律1份 (少醬)<br>🧁 晚小食：十多啤梨8粒 | 💡 外出用餐時，可選擇頭盤作為主菜以控制份量，並且最好每餐都配以沙律或蔬菜。 | 💪 這個週末就和家人一起行山遠足吧！ |
| 第20日 | 🍽 早　餐：雪菜肉絲湯米粉、鮮檸檬茶1杯 (少甜 / 走甜)<br>🍽 午　餐：親子丼 (日式雞肉蛋飯)1份 (P.56)、烏龍茶1杯<br>☕ 下午茶：哈蜜瓜 1/2 碗<br>🍲 晚　餐：嫩雞燴麵1中碗、蒸素菜餃2隻、醉雞2件 (去皮)、冰鎮芥蘭1碗<br>🧁 晚小食：啤梨1個 | 💡 外出用餐時，可要求「走汁」或「醬汁另上(如蠔油、黑椒汁)」。醬汁如咖喱汁、燒味汁及忌廉汁 (白汁)等的脂肪含量甚高，應盡量避免。 | 💪 停泊車輛時，可選擇離出口較遠的車位，多走一點路。 |
| 第21日 | 🍽 早　餐：藍莓班戟1份 (P.46)、英式紅茶1杯 (走奶、走糖)<br>🍽 午　餐：蒸腸粉 1/2 碟、蒸肉片飯1細碗、蒸點心2粒 #、灼菜心1碟 (走油)<br>☕ 下午茶：蒜泥拍青瓜1份 (P.140)<br>🍲 晚　餐：霸王花瘦肉湯、白飯1中碗、鮮茄洋葱燴豬柳1份 (P.98)、清炒雜菜 (少油)1碗<br>🧁 晚小食：雪耳蓮子果凍1份 (P.112) | 💡 購買包裝食品時，必須閱讀食品標籤，多選擇低脂食品，以每100克含少於3克脂肪為低脂之選。 | 💪 以計步器記錄步數，今天一定要步行至10,000步才回家。 |

\* 所有菜式需用少油烹調。

\# 蒸點心只限於選擇蝦餃、燒賣、菜肉餃、上素蒸餃、魚翅餃、蒸鯪魚球。

## 第四週餐單及每日一貼士

| | 餐單 | 今日飲食小貼士 | 今日運動小貼士 |
|---|---|---|---|
| 第22日 | 早 餐：提子麥包 1 個、脫脂奶 1 杯<br>午 餐：蘿蔔牛丸米線 1 碗、灼生菜 1 碟 (少油)<br>下午茶：皇帝蕉 2 小隻<br>晚 餐：雲耳絲瓜肉片湯、白飯 1 中碗、日式雜菌豆腐 1 份 (P.84)<br>晚小食：木瓜 1/2 碗 | 每餐進食五穀類、蔬菜和肉類 (及代替品) 份量的比例，應為 3 比 2 比 1。 | 在家傭休息的日子，可以親自洗車或多做家務，如吸塵、洗地和抹窗等。 |
| 第23日 | 早 餐：魚片粥 2 中碗、中國茶<br>午 餐：越式雞肉撈檬粉 1 份 (P.72)、烏龍茶 1 杯<br>下午茶：桃駁李 1 個<br>晚 餐：蘋果煲瘦肉湯、紅白米飯 1 中碗、翠肉瓜炒牛肉*(牛肉 3 両、翠肉瓜 1 碗)<br>晚小食：芒果豆腐布甸 1 份 (P.110) | 用少量果醬或蜜糖代替牛油或植物牛油來塗多士或麵包，可減少攝取脂肪及卡路里。 | 購買一對適合自己的啞鈴，在日常運動中加入 20 分鐘阻力運動來強化肌肉，有助加快新陳代謝。 |
| 第24日 | 早 餐：豆漿麥皮 1 中碗 (少甜)、蘋果 1 個 (中)<br>午 餐：雜錦魚生飯 2/3 份、海藻沙律、綠茶 1 杯<br>下午茶：低脂果味乳酪 1 杯<br>晚 餐：西洋菜滾肉片湯、糙米飯 1 中碗、蘿蔔炆牛腩*、竹笙羅漢燴瓜環 1 份 (P.88)<br>晚小食：奇異果 1 個 | 多選擇水果作小食，代替薯片、蝦條等高脂肪零食。 | 運動後謹記多喝清水，避免飲汽水、果汁或運動飲料等高卡路里飲品。 |
| 第25日 | 早 餐：青瓜火腿麥包三文治 1 份、清水<br>午 餐：粟米肉粒飯 1/2 份、中國茶 1 杯<br>下午茶：紅豆砵仔糕 1 個 (P.142)<br>晚 餐：節瓜章魚豬腱湯、白飯 1 中碗、青紅椒炒雞柳 1 份 (P.76)、金針雲耳紅棗蒸鮮雞髀菇 1 份 (P.94)<br>晚小食：西梅 2 粒 | 如在快餐店用膳，可揀選較少份量的「兒童餐」(例如：漢堡包配細薯條及代糖汽水) 以控制進食份量。 | 打高爾夫球時，鼓勵步行至目的地，減少以高爾夫球車代步。 |
| 第26日 | 早 餐：麥饅頭 2 小個、高鈣低糖豆漿 1 杯<br>午 餐：田園免治牛肉長通粉 1 份 (P.62)、無糖汽水 1 杯<br>下午茶：豆腐花 (少甜) 1 碗<br>晚 餐：番茄蘿蔔燉魚尾湯 (P.104)、紅白米飯 1 中碗、海帶炆豬肉*、薑汁炒芥蘭 (少油) 1 碗<br>晚小食：西柚 1/2 個 | 外出午餐時，最好避免點選套餐。如主菜份量太大，可與同事、朋友或家人分享一份主菜，以控制食量。 | 出外公幹或旅遊時，可選擇設有健身室或游泳池的酒店，並善加使用。 |
| 第27日 | 早 餐：雜莓高纖乳酪杯 1 份 (P.44)<br>午 餐：生菜鯪魚球粥、灼通菜 1 碟 (走油)<br>下午茶：香草番茄醬伴全麥脆餅 1 份 (P.134)<br>晚 餐：香滑南瓜湯、糙米飯 1 中碗、蝦仁柚肉涼拌粉絲 (P.92)<br>晚小食：青提子 10 粒 | 避免在肚餓時到超級市場購物，並應先準備購物清單，以免多買了些不必要的零食。 | 由今天起可以嘗試緩步跑，由 20 分鐘增加至 30 分鐘。 |
| 第28日 | 早 餐：蒸牛肉腸粉 1 碟 (少油)、中國茶<br>午 餐：韓式泡菜蕎麥湯麵 1 份 (P.66)、粟米鬚生熟薏米水 1 杯 (P.132)<br>下午茶：車厘茄 10 粒<br>晚 餐：茄汁意粉 1 碗半、香脆雞柳 1 份 (P.138)、雜菜沙律 1 份 (少醬)<br>晚小食：焗香蕉榛子卷 1 份 (P.118) | 不要一邊用餐一邊看電視，專心進食會較容易控制進食份量。 | 要更上一層樓，今天立定決心每天做 30 分鐘運動。 |

\* 所有菜式需用少油烹調。

# VI. 飲食及運動日記

　　每天都堅持填寫你自己的飲食及運動日記，是自我監察有沒有遵行適當及適量的飲食、多做運動及了解減磅進度的有效方法！

日期：　　　　　(星期　　)

|  | 時間 | 地點 | 食物份量及煮法 | 體重 | 今天你有否做健康小改變？ |
|---|---|---|---|---|---|
| 早餐 |  |  |  |  |  |
| 小食 |  |  |  |  |  |
| 午餐 |  |  |  | 運動量 |  |
| 小食 |  |  |  |  |  |
| 晚餐 |  |  |  | 心情 |  |
| 小食 |  |  |  |  |  |

日期：　　　　　(星期　　)

|  | 時間 | 地點 | 食物份量及煮法 | 體重 | 今天你有否做健康小改變？ |
|---|---|---|---|---|---|
| 早餐 |  |  |  |  |  |
| 小食 |  |  |  |  |  |
| 午餐 |  |  |  | 運動量 |  |
| 小食 |  |  |  |  |  |
| 晚餐 |  |  |  | 心情 |  |
| 小食 |  |  |  |  |  |

日期：　　　　　(星期　　)

|  | 時間 | 地點 | 食物份量及煮法 | 體重 | 今天你有否做健康小改變？ |
|---|---|---|---|---|---|
| 早餐 |  |  |  |  |  |
| 小食 |  |  |  |  |  |
| 午餐 |  |  |  | 運動量 |  |
| 小食 |  |  |  |  |  |
| 晚餐 |  |  |  | 心情 |  |
| 小食 |  |  |  |  |  |

*請再自行影印，持之以恆。

# 第二部份
# 50 個輕鬆易煮的 體重控制食譜

= 低脂 (少於30%卡路里來自脂肪)
= Low fat (less than 30% calories from fat)
**低脂**

= 高纖 (每份含多於3克纖維素)
= High fiber (more than 3g dietary fiber per serving)
**高纖**

= 素食菜式(不含蛋類和肉類，仍含牛奶或牛奶產品)
= Vegetarian dish
**素食**

# 1 雜莓高纖乳酪杯
## High Fiber Mixed Berries Yogurt Cup

低脂　高纖　素食

🍴🍽 **2人份量**
For 2 servings

材料：

藍莓.............................60克
士多啤梨.........................6粒
低脂純乳酪.............2杯(300克)
高纖早餐麥片.....................2杯

Ingredients :

Blueberries...................60g
Strawberries....................6
Low fat plain yogurt.............
....................2cups(300g)
High fiber breakfast cereal
...............................2cups

## Steps

1. Wash blueberries and strawberries thoroughly, and then drain. Dice strawberries.

2. Put 3/4 cup of cereal at the bottom of the cup, add in 1/2 cup of yogurt, follow by strawberries and blueberries.

3. Then pour another 1/2 cup of yogurt on top of the fruit, and sprinkle the rest of the cereal on top of the yogurt. Repeat the steps with the rest of the ingredients to make another cup. Ready to serve.

## 做法

1. 藍莓、士多啤梨洗淨，瀝乾水份。士多啤梨切粒。

2. 將 3/4 杯麥片倒入杯裏，然後倒入半杯乳酪，加入士多啤梨粒和藍莓。

3. 再倒入半杯乳酪，灑上剩下的麥片，將餘下的材料再做另一杯，即可食用。

**營養分析**(每人份量提供)：

| | |
|---|---|
| 熱量(Energy) | 190 卡路里(Kcal) |
| 碳水化合物(Carbohydrates) | 31.6克(g) |
| 蛋白質(Protein) | 10.4克(g) |
| 膽固醇(Cholesterol) | 9.0毫克(mg) |
| 脂肪(Fat) | 3.0克(g) |
| 纖維素(Dietary fiber) | 3.5克(g) |
| 鈉(Sodium) | 175.5毫克(mg) |

## *Tips from dietitian*　營養師提醒你

Eating breakfast is a very important part for weight management. Breakfast should consist of high fiber grains and cereal and adequate amount of protein such as milk, yogurt, nuts and egg white to satisfy hunger. This recipe also high in antioxidants and low in fat, and promote anti- aging benefit.

　　要控制體重，早餐是非常重要的。最好以高纖五穀類為主食，配以適量蛋白質如牛奶、乳酪、果仁和蛋白等，可增加飽肚感。此食譜加入了含豐富抗氧化物的新鮮水果，低熱量之餘又有助抗衰老。

## 2 藍莓班戟

Pancakes with Blueberries

素食

🍽 **2人份量**
For 2 servings

材料：

| | |
|---|---|
| 班戟粉 | 130克 |
| 開水 | 160毫升 |
| 藍莓 | 50克 |
| 糖漿 | 1湯匙 |
| 糖霜 | 少許 |
| 植物牛油 | 1/2湯匙 |

**Ingredients :**

| | |
|---|---|
| Pancake mix | 130g |
| Water | 160ml |
| Blueberries | 50g |
| Syrup | 1 tbsp |
| Sprinkle of icing sugar | |
| Margarine | 1/2 tbsp |

## • Steps •

1. Mash blueberries and set aside.

2. Sift pancake mix; gradually add water to make the batter. Mix mashed blueberries then stir well.

3. Heat non-stick pan over medium heat, brush margarine on the pan.

4. Pour 1 ladle of pancake batter into the non-stick pan, pan fry one side until it bubbles then turnover, pan fry both sides until golden brown. Place pancake on a plate, and repeat steps for the rest of the batter.

5. Serve pancake with small amount of icing sugar and syrup.

## • 做法 •

1. 壓爛藍莓備用。

2. 班戟粉過篩，逐少加入開水，拌勻成班戟漿後，加入壓爛的藍莓拌勻。

3. 中火燒熱易潔鑊，用小掃在鑊面塗勻植物牛油。

4. 倒入一湯殼班戟漿至易潔鑊，煎至起氣泡即可翻另一面，直至兩面變成金黃色，即可盛起上碟。重複此步驟直至班戟漿用完。

5. 在班戟表面灑上少許糖霜和淋上少許糖漿即成。

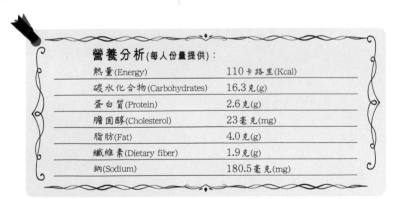

**營養分析**(每人份量提供)：

| | |
|---|---|
| 熱量(Energy) | 110卡路里(Kcal) |
| 碳水化合物(Carbohydrates) | 16.3克(g) |
| 蛋白質(Protein) | 2.6克(g) |
| 膽固醇(Cholesterol) | 23毫克(mg) |
| 脂肪(Fat) | 4.0克(g) |
| 纖維素(Dietary fiber) | 1.9克(g) |
| 鈉(Sodium) | 180.5毫克(mg) |

## *Tips from dietitian*  營養師提醒你

The sugar and fat content of home-made pancakes can be better controlled, making it healthier. If you do not want to add too much icing sugar on top, try to add fresh fruits such as strawberries, raspberries, blueberries or bananas as toppings.

自製班戟可控制其脂肪和糖的份量，所以較健康。若想減少糖霜的份量，可在班戟上鋪上新鮮水果，如士多啤梨、紅桑子、鮮藍莓或香蕉等。

# 3 西芹吞拿魚麥包三文治

## Wheat Bread Sandwich with Celery and Tuna Fish Filling

高纖

🍽️ **2人份量**
For 2 servings

材料：

全麥方包.............................4片
罐頭水浸吞拿魚..............200克
西芹粒.................................1/4杯
低脂純乳酪.......................100克
羅馬生菜.............................2片
車厘茄.................................4顆
胡椒粉.................................少許

**Ingredients :**

Whole-wheat bread...4 slices
Canned tuna in spring water
...............................200g
Diced celery............1/4 cup
Low fat plain yogurt......100g
Romaine lettuce.....2 leaves
Cherry tomatoes..............4
Small amount of pepper

## Steps

1. Drain tuna from can, and then mash it with a fork. Wash cherry tomatoes, cut into 4 wedges, set aside.

2. Mix tuna, diced celery, low fat yogurt and pepper together.

3. Lay a piece of lettuce on one piece of bread, top with half of the tuna mixture, add cherry tomatoes, and then top with another piece of bread to make a sandwich.

4. Repeat steps for the rest of the ingredients. Cut into half then serve.

## 做法

1. 水浸吞拿魚隔去水份，用叉子壓碎；車厘茄洗淨，每粒切4份備用。

2. 拌勻吞拿魚、西芹粒、低脂乳酪和胡椒粉。

3. 在一片麥方包上放上一片生菜，塗上1/2份吞拿魚醬，鋪上車厘茄，蓋上另一片麥方包。

4. 重複製作另一份三文治，切半即成。

有營活力早餐

**3**

西芹吞拿魚麥包三文治

**營養分析**(每人份量提供)：

| | |
|---|---|
| 熱量(Energy) | 296.5卡路里(Kcal) |
| 碳水化合物(Carbohydrates) | 30.5克(g) |
| 蛋白質(Protein) | 34.5克(g) |
| 膽固醇(Cholesterol) | 33毫克(mg) |
| 脂肪(Fat) | 3.6克(g) |
| 纖維素(Dietary fiber) | 3.2克(g) |
| 鈉(Sodium) | 648毫克(mg) |

## *Tips from dietitian*　營養師提醒你

It is best to choose canned tuna in spring water rather than in oil, as the fat content is lower. Canned salmon and boiled chicken are also low fat choices in addition to canned tuna. This recipe uses low fat plain yogurt instead of mayonnaise as dressing, which gives a similar but healthier flavour. Those who want to lose weight can choose this dish as full meal.

最好選水浸的罐頭吞拿魚，因其脂肪含量比油浸的為低。除了吞拿魚外，也可以水浸三文魚或白灼雞肉代替。此食譜採用了低脂純味乳酪代替高脂的蛋黃醬（Mayonnaise），健康之餘又不減其味道，減肥人士可以吃三文治作正餐。

# 4 瘦身八寶粥
## Slimming Eight Treasures Congee

低脂　素食

🍽 **6人份量**
For 6 servings

材料：

| | |
|---|---|
| 白米 | 100克 |
| 紅豆 | 20克 |
| 綠豆 | 20克 |
| 薏米 | 20克 |
| 原片燕麥片 | 20克 |
| 紅棗(去核) | 4粒 |
| 桂圓肉 | 20克 |
| 水 | 3公升 |
| 鹽 | 少許 |

**Ingredients :**

White rice..................100g
Red beans....................20g
Mung beans.................20g
Barley........................20g
Rolled oats..................20g
Pitted dried red dates..........
..........................4 pieces
Dried longan................20g
Water......................3 liters
A pinch of salt

## Steps

1. Soak red beans, mung beans, barley and rolled oats in water for 1-2 hours.
2. Soak dried red dates and dried longan with hot water, set aside.
3. Bring 3 liters of water to a boil. Add red beans, mung beans and barley and cook for about 20 minutes, then add white rice, rolled oats, red dates and longan until softened.
4. Season with salt as desired.

## 做法

1. 紅豆、綠豆、薏米、燕麥片浸泡1至2小時。
2. 紅棗、桂圓肉用熱水浸泡備用。
3. 煲滾3公升水，先加入紅豆、綠豆、薏米煮約20分鐘，再加入白米、燕麥片、紅棗、桂圓等煮腍。
4. 加鹽調味即成。

### 營養分析(每人份量提供)：

| | |
|---|---|
| 熱量(Energy) | 123卡路里(Kcal) |
| 碳水化合物(Carbohydrates) | 26.5克(g) |
| 蛋白質(Protein) | 3.5克(g) |
| 膽固醇(Cholesterol) | 0.0毫克(mg) |
| 脂肪(Fat) | 0.4克(g) |
| 纖維素(Dietary fiber) | 2.0克(g) |
| 鈉(Sodium) | 195.2毫克(mg) |

## *Tips from dietitian* 營養師提醒你

Chinese congee is low in calories. Fish or lean meat congee are good choices of healthy breakfasts when eating out; while plain congee lacks fiber. Eight treasures congee consists of dried beans, barley and rolled oats which are high in dietary fiber content. Frequent intake of high fiber food can help weight loss and reduce blood cholesterol level.

中式粥品熱量較低，若出外進食，可選魚片粥或瘦肉粥作早餐，至於白粥則不夠纖維素。八寶粥加入了各種乾豆、薏米和燕麥皮，纖維量加倍，多吃高纖食物有助減重，及降低血液裏的壞膽固醇。

# 5 芝士蘑菇蛋白庵列

## Egg White Omelette with Cheese Mushrooms

## For 1 serving
**1人份量**

材料：

| | |
|---|---|
| 蛋白 | 2-3隻 |
| 低脂芝士 | 1片 |
| 鮮蘑菇 | 1-2朵 |
| 紅燈籠椒粒 | 少許 |
| 洋葱粒 | 少許 |
| 橄欖油 | 2茶匙 |
| 麥包 | 1片 |

**Ingredients :**

Egg whites....................2-3
Low fat cheese..........1 slice
Fresh button mushrooms.....
......................1-2 pieces
Small amount of diced red
    bell pepper
Small amount of diced onion
Olive oil......................2tsp
Whole-wheat bread.....1 slice

## Steps

1. Whisk egg white; dice cheese; clean mushrooms with paper tower and remove stem, slice and set aside.

2. Heat oil on non-stick pan, pan fry egg white in a shape of circle until almost done.

3. Add mushroom slices, diced bell pepper, onions and cheese on half of the egg white, then fold the other half over. Pan fry for 30 seconds, then turn over and cook until done.

4. Toast bread with a toaster or oven until golden brown, serve with omelette.

## 做法

1. 蛋白打散；芝士切粒；蘑菇用廚房紙抹乾淨，去腳切片備用。

2. 燒熱易潔鑊下油，下蛋白煎成半熟的圓形蛋餅。

3. 下蘑菇片、紅椒粒、洋葱粒和芝士於半邊蛋餅上，然後將另一半摺上，煎約半分鐘，反轉煎另一面約一分鐘，上碟。

4. 用多士爐或焗爐烘麥包至金黃色，切半與庵列一同進食即可。

### 營養分析(每人份量提供)：

| | |
|---|---|
| 熱量(Energy) | 207 卡路里(Kcal) |
| 碳水化合物(Carbohydrates) | 16.4克(g) |
| 蛋白質(Protein) | 19.6克(g) |
| 膽固醇(Cholesterol) | 7.0毫克(mg) |
| 脂肪(Fat) | 7.2克(g) |
| 纖維素(Dietary fiber) | 2.2克(g) |
| 鈉(Sodium) | 431毫克(mg) |

## *Tips from dietitian*  營養師提醒你

Many people avoid eating eggs due to health reasons. The most important tip is to use low fat methods such as poaching, steaming, microwave or pan frying with little oil. Egg white provides only 20 calories each and has zero fat, thus can be incorporated in a healthy diet more often.

很多人因健康理由不敢吃雞蛋，其實最重要的是烹調方法，宜用焓、蒸、微波爐加熱及少油煎等低脂方法。至於蛋白，因為每隻只含20卡路里，且不含脂肪，是可多選用的食材。

# 6 煙三文魚忌廉芝士鬆餅

English Muffin with Cream Cheese and Smoked Salmon

### 🍴🍽 2人份量
For 2 servings

材料：

| | |
|---|---|
| 英式鬆餅 | 2個 |
| 煙三文魚 | 6小片 |
| 脫脂忌廉芝士 | 4湯匙 |
| 新鮮蒔蘿 | 1棵 |
| 檸檬 | 1/2個 |

Ingredients :

English muffins.............2
Smoked salmon.............
.................6 small slices
Fat free cream cheese.........
.........................4 tbsp
Fresh dill.................1 sprig
Lemon.........................1/2

## Steps

1. Wash and cut dill into small pieces, set aside.

2. Separate English muffins into 2 slices, toast it with an oven or toaster (about 1-2 minutes).

3. Spread 1 tbsp cream cheese onto each side of muffins, sprinkle with dill.

4. Lay smoked salmon onto the muffins, and then drizzle with lemon juice and serve.

## 做法

1.新鮮蒔蘿洗淨，切碎備用。

2.英式鬆餅對半剖開，放入焗爐或多士爐烘香（約1-2分鐘）。

3.每邊鬆餅塗上1湯匙忌廉芝士，灑上蒔蘿。

4.放上2片煙三文魚，然後淋上少許檸檬汁，即成。

**營養分析**(每人份量提供)：

| | |
|---|---|
| 熱量(Energy) | 215卡路里(Kcal) |
| 碳水化合物(Carbohydrates) | 28.5克(g) |
| 蛋白質(Protein) | 16.9克(g) |
| 膽固醇(Cholesterol) | 13.5毫克(mg) |
| 脂肪(Fat) | 3.2克(g) |
| 纖維素(Dietary fiber) | 1.6克(g) |
| 鈉(Sodium) | 808毫克(mg) |

## *Tips from dietitian* 營養師提醒你

Most cheeses contain more than 50% fat that can lead to weight gain if consumed excessively. The recipe uses skim cream cheese as an alternative. Besides cream cheese, low fat processed cheese can also be used. Capers and onions can also be used as toppings to create new flavor.

很多芝士的脂肪含量為50%以上，多吃會致肥。此食譜用了脫脂忌廉芝士，所以可不必擔心。除忌廉芝士外，還可用片裝脫脂芝士代替，亦可用水欖和洋葱代替鮮蒔蘿，製成另一新口味的鬆餅。

# 7 親子丼（日式雞肉蛋飯）
## Japanese Style Rice Bowl with Egg and Chicken

高纖

## 2人份量
For 2 servings

材料：

| | |
|---|---|
| 雞肉 | 200克 |
| 洋蔥 | 半個 |
| 雞蛋 | 4隻 |
| 鮮冬菇 | 4朵 |
| 糙米飯 | 2碗 |

汁料：

| | |
|---|---|
| 清水 | 250毫升 |
| 日式豉油 | 30毫升 |
| 味醂 | 30毫升 |
| 片糖 | 半片 |
| 木魚味素 | 1/4湯匙 |

**Ingredients :**

| | |
|---|---|
| Chicken filet | 200g |
| Onion | 1/2piece |
| Eggs | 4 |
| Fresh mushrooms | 4 |
| Cooked brown rice | 2 bowls |

**Sauce:**

| | |
|---|---|
| Water | 250ml |
| Japanese soy sauce | 30ml |
| Japanese cooking rice wine | 30ml |
| Raw cane sugar | 1/2 piece |
| Bonito flavoring | 1/4 tbsp |

## Steps

1. Remove fat from chicken, cut into shreds and blanch in hot water. Whisk egg and set aside.

2. Remove skin from onion, cut into shreds. Wash mushrooms, remove stems and shred.

3. Cook all sauce ingredients in a small pot until boil.

4. Heat non-stick pan, add suitable amount of sauce, add onions and cook for a while. Then add mushrooms, meat and eggs until almost done. Remove from heat and pour onto rice then serve.

## 做法

1. 雞肉剪去脂肪，切絲，然後灼熟。雞蛋拌勻備用。

2. 洋蔥去皮，洗淨切絲；鮮冬菇洗淨去蒂，然後切幼絲。

3. 汁料材料拌勻，用小鍋煮沸。

4. 燒熱易潔鑊，下適量汁料和洋蔥略煮，然後依次下鮮冬菇、雞肉和雞蛋漿，煮至八成熟，熄火，鋪在糙米飯面即成。

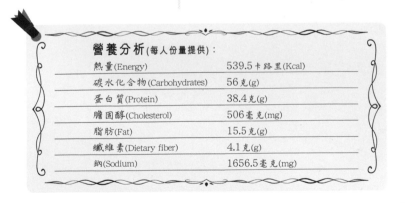

營養分析(每人份量提供)：

| | |
|---|---|
| 熱量(Energy) | 539.5卡路里(Kcal) |
| 碳水化合物(Carbohydrates) | 56克(g) |
| 蛋白質(Protein) | 38.4克(g) |
| 膽固醇(Cholesterol) | 506毫克(mg) |
| 脂肪(Fat) | 15.5克(g) |
| 纖維素(Dietary fiber) | 4.1克(g) |
| 鈉(Sodium) | 1656.5毫克(mg) |

## *Tips from dietitian*　營養師提醒你

White meat such as chicken and fish generally contains less fat than red meat such as beef and lamb, therefore people on weight control should choose white meat more often as a major protein source. Remember to remove poultry skin before eating.

白肉(如雞肉、魚肉)的脂肪含量一般比紅肉(如牛肉和羊肉)少，減肥人士應多選白肉為蛋白質來源。不過，謹記吃任何家畜類都必須去皮。

# 8 三文魚紫菜飯糰

Japanese Rice Ball (Origiri) with Salmon and Seaweed

低脂

🍴🍽 **4個**
4 rice balls

材料：

日本珍珠米.......................
............120克(約2碗白飯)
壽司用即食紫菜.............4塊
紅蘿蔔.........................1/4個
西蘭花.........................1/4個
鮮三文魚....................120克
鹽...................................少許

壽司飯調味料：

白醋.............................1/4杯
糖...............................1/4杯
魚露..........................1.5茶匙

**Ingredients :**

Japanese pearl rice.....................
120g (about 2 rice cooker cups)
Ready-to-eat sushi seaweed....
....................................4 pieces
Small carrot............................1/4
Small broccoli..........................1/4
Fresh salmon.........................120g
A pinch of salt

**Seasoning of rice:**

Vinegar.......................1/4 cup
Sugar..........................1/4 cup
Fish sauce..................1.5 tsp

## Steps to make sushi rice

1. Add seasonings of rice in a small pot, cook over low heat until sugar melted, turn off heat and let it cool down.

2. Cook rice in a rice cooker, add seasoning then mix thoroughly.

## Steps

1. Steam salmon until cooked, mash with fork, and season with salt.

2. Blanch carrots and broccoli, drain and cut into very small pieces. Mix minced salmon, carrots and broccoli into the sushi rice thoroughly.

3. Take a small bowl of rice and mold into a rice ball; try to remove air from the rice ball by squeezing.

4. Wrap with seaweed before serve.

## 壽司飯做法

1. 將壽司飯調味料倒入小鍋中，小火加熱直至糖完全溶解，熄火待涼。

2. 日本米煲成白飯，加入壽司飯調味料拌勻。

## 做法

1. 三文魚蒸熟，用叉壓碎，灑少許幼鹽調味。

2. 紅蘿蔔、西蘭花灼熟，切碎，然後加入三文魚碎與壽司飯拌勻。

3. 取出約1小碗份量的壽司飯，搓成日式飯糰狀。搓的時候，盡量將中間的空氣壓走。

4. 吃的時候包上紫菜即可。

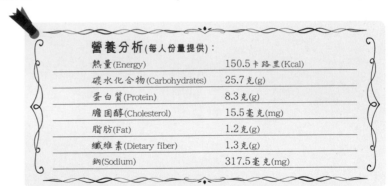

**營養分析**(每人份量提供)：

| | |
|---|---|
| 熱量(Energy) | 150.5卡路里(Kcal) |
| 碳水化合物(Carbohydrates) | 25.7克(g) |
| 蛋白質(Protein) | 8.3克(g) |
| 膽固醇(Cholesterol) | 15.5毫克(mg) |
| 脂肪(Fat) | 1.2克(g) |
| 纖維素(Dietary fiber) | 1.3克(g) |
| 鈉(Sodium) | 317.5毫克(mg) |

## *Tips from dietitian* 營養師提醒你

To avoid rice sticking onto your hand when molding the rice ball, you can moisten your hand with a small amount of water before making them. Or you can use a rice ball mold by filling the mold with rice and other ingredients to make the rice ball. In order to save time, try to use canned salmon instead of fresh salmon in this recipe.

要避免飯粒黏手，可以在搓飯糰前，用水沾濕雙手。另一方法是用飯糰模，開水沾濕模具後，以準備好的壽司飯和餡料填滿，然後壓實。想此食譜再方便一些，可改用罐裝水浸三文魚代替鮮三文魚。

飯糰模

# 9 蒜茸白酒蜆肉天使麵

Angel Hair Pasta with Clam in Garlic White Wine Sauce

## 2人份量
### For 2 servings

**材料：**

| | |
|---|---|
| 天使麵 | 100克 |
| 蜆(連殼) | 500克 |
| 白餐酒 | 100毫升 |
| 清雞湯 | 75毫升 |
| 鹽及胡椒粉 | 少許 |
| 橄欖油 | 1湯匙 |
| 雜錦乾香草 | 適量 |
| 紅辣椒絲 | 少量 |

**Ingredients :**

| | |
|---|---|
| Angel hair pasta | 100g |
| Clams (with shell) | 500g |
| White wine | 100ml |
| Chicken broth | 75ml |
| A pinch of salt and pepper | |
| Olive oil | 1 tbsp |
| Dried mixed herbs | small amount |
| Shredded chili | small amount |

## Steps

1. Soak clams in cold water for 30 minutes to let clams spit out the sand.

2. Add water into a pot, bring to a boil, add pinch of salt and oil, add Angel hair and cook until al dente. Drain and set aside.

3. Heat olive oil in a non-stick pan; add chili, herbs, clams and stir well. Add wine and chicken broth. Cover the pan for 10 minutes until all shells are opened, add salt and pepper to taste.

4. Add Angel hair into the pan, cook over medium heat until pasta absorbs the sauce, then serve.

## 做法

1. 先用清水把蜆浸最少30分鐘，讓它把沙放出。

2. 煮沸半鍋清水，加少許鹽和油，下天使麵煮至軟身和半熟，盛起備用。

3. 燒熱易潔鑊，下橄欖油、香草、紅辣椒絲和蜆略炒，加入白酒和上湯，蓋上鑊蓋煮約10分鐘，至蜆肉開口熟透，下鹽和胡椒調味。

4. 加入天使麵至鑊中，以慢火煮至天使麵吸收蜆汁即成。

**營養分析** (每人份量提供)：

| | |
|---|---|
| 熱量 (Energy) | 438.5 卡路里 (Kcal) |
| 碳水化合物 (Carbohydrates) | 43.4 克 (g) |
| 蛋白質 (Protein) | 32.8 克 (g) |
| 膽固醇 (Cholesterol) | 115.5 毫克 (mg) |
| 脂肪 (Fat) | 10 克 (g) |
| 纖維素 (Dietary fiber) | 1.6 克 (g) |
| 鈉 (Sodium) | 2044.5 毫克 (mg) |

## *Tips from dietitian*　營養師提醒你

Due to busy working schedule, people often eat out and seldomly cook at home. This recipe is easy and simple which is suitable for the whole family. Eating this pasta dish with mixed vegetables salad makes it a healthy lunch or dinner. A 125g of clam meat can be used to substitute fresh clams.

　　都市人往往因為工作繁忙而經常出外進食，此食譜做法簡單、方便又容易，非常適合小家庭。若再配上雜菜沙律，即變成一份非常均衡的午餐或晚餐。如果不想用新鮮蜆，可用125克蜆肉代替。

# 10 田園免治牛肉長通粉
## Penne Pasta with Minced Meat and Garden Vegetables

高纖

## 4人份量
For 4 servings

材料：

全麥長通粉(乾)................200克
紅蘿蔔粒...........................1杯
意大利青瓜(切粒)...............1杯
青椒(切粒)......................1/2杯
洋葱(切粒)......................1/2個
蘑菇(切片)......................160克
瘦免治牛肉.......................160克
番茄意粉醬...........................2杯
橄欖油...............................1湯匙
清雞湯.............................100毫升

## Ingredients :

Whole wheat penne pasta.......
.....................................200g
Diced carrots...................1 cup
Diced zucchini.................1 cup
Diced green bell pepper..........
.....................................1/2 cup
Diced onion.........................1/2
Sliced button mushrooms..160g
Minced lean beef..............160g
Tomato pasta sauce......2 cups
Olive oil...........................1 tbsp
Chicken broth................100ml

## • Steps •

1. Add water into a pot, bring to a boil, add pinch of salt and oil, add penne and cook until al dente. Drain and set aside.

2. Sauté diced carrots, zucchini, onions, and mushrooms in a non-stick pan with little oil over medium heat until half cooked.

3. Add minced beef and stir well.

4. Add tomato pasta sauce and chicken broth and cook for 10 minutes. Pour the meat sauce over the penne pasta then serve.

## • 做法 •

1. 煮沸半鍋清水，加少許鹽和油，下長通粉煮至軟身和半熟，然後盛起備用。

2. 燒熱易潔鑊，下橄欖油，用中高火炒紅蘿蔔粒、意大利青瓜粒、青椒粒、洋葱粒和蘑菇粒至半熟。

3. 加入瘦免治牛肉，炒勻。

4. 加入番茄意粉醬和清雞湯煮10分鐘，倒在長通粉上即可食用。

**營養分析**(每人份量提供)：

| | |
|---|---|
| 熱量(Energy) | 387 卡路里(Kcal) |
| 碳水化合物(Carbohydrates) | 58克(g) |
| 蛋白質(Protein) | 20.2克(g) |
| 膽固醇(Cholesterol) | 24.8毫克(mg) |
| 脂肪(Fat) | 9.6克(g) |
| 纖維素(Dietary fiber) | 6.8克(g) |
| 鈉(Sodium) | 631.8毫克(mg) |

## *Tips from dietitian*　營養師提醒你

To help weight loss, one should choose tomato sauce when ordering pasta dishes instead of cream sauce, carbonara sauce or cheese sauce as they are all high in fat. Vegetables with bright colors such as zucchini, carrots, bell peppers and mushrooms are good ingredient options such they are all high in vitamins, minerals and fiber.

　　想控制體重，應多選番茄醬意粉，因忌廉汁、白汁及芝士汁都屬高脂醬汁。色彩繽紛的意大利青瓜、紅蘿蔔、甜椒和蘑菇均含豐富維他命、礦物質及纖維素，多吃能幫助腸胃暢通。

# 11　迷你夏威夷薄餅
## Mini Hawaiian Pizza

## 2人份量
### For 2 servings

材料：

| | |
|---|---|
| 法式麵包 | 4片 |
| 火腿片 | 2塊 |
| 青椒 | 1/2隻 |
| 車厘茄 | 8顆 |
| 菠蘿 | 120克(1/2小罐) |
| 低脂Mozzarella芝士碎 | 80克 |

醬料：

| | |
|---|---|
| 番茄膏 | 1.5湯匙 |
| 砂糖 | 1/2茶匙 |

**Ingredients :**

| | |
|---|---|
| French bread | 4 slices |
| Ham | 2 slices |
| Green bell pepper | 1/2 |
| Cherry tomatoes | 8 pieces |
| Canned pineapple | 120g(1/2small can) |
| Low fat shredded mozzarella cheese | 80g |

**Sauce:**

| | |
|---|---|
| Tomato paste | 1.5 tbsp |
| Sugar | 1/2 tsp |

### Steps

1. Pre-heat oven to 180ºC.
2. Dice ham, green bell peppers, cherry tomatoes and pineapple, set aside.
3. Mix tomato paste and sugar.
4. Spread tomato sauce on each slice of French bread, add toppings evenly, sprinkle with low fat Mozzarella cheese.
5. Place into oven and bake for 10 -15 minutes, then serve.

### 做法

1. 預熱焗爐至攝氏180度。
2. 火腿片、青椒、車厘茄和菠蘿全部切粒備用。
3. 番茄膏和砂糖拌勻。
4. 在每片法式麵包塗上薄餅醬，平均鋪上切粒的餡料，然後灑上低脂Mozzarella芝士碎。
5. 放入焗爐焗約10至15分鐘即成。

**營養分析**(每人份量提供)：

| | |
|---|---|
| 熱量(Energy) | 386卡路里(Kcal) |
| 碳水化合物(Carbohydrates) | 51.7克(g) |
| 蛋白質(Protein) | 23克(g) |
| 膽固醇(Cholesterol) | 41.5毫克(mg) |
| 脂肪(Fat) | 10.2克(g) |
| 纖維素(Dietary fiber) | 3.7克(g) |
| 鈉(Sodium) | 1033.5毫克(mg) |

## *Tips from dietitian*　營養師提醒你

French bread is much convenient and lower in fat compared to pizza base. And the ingredients can be mixed and matched freely. Other healthy toppings such as tuna, salmon, chicken, mixed seafood and colorful vegetables such as red and yellow bell peppers, corn, zucchini, eggplants, fresh basil and mushrooms, etc. can also be used.

用法包代替薄餅批底方便又低脂，餡料也可自由調配。除以上餡料外，可選其他健康材料，如吞拿魚、三文魚、雞肉、雜錦海鮮，再配合不同顏色的蔬菜，例如紅、黃燈籠椒、粟米、意大利青瓜、茄子、鮮羅勒葉和蘑菇等。

# 12 韓式泡菜蕎麥湯麵

Korean Style Kimchi Buckwheat Noodle in Soup

高纖　素食

**2人份量**
For 2 servings

材料：
蕎麥麵(乾)............................120克
韓式泡菜................................50克
日式本菇................................50克
荷蘭豆......................................6條
雞蛋..........................................1隻

湯底：
日式木魚濃縮湯底..........1/4杯
清水..............................2-3中碗

**Ingredients :**
Dried buckwheat noodles..120g
Kimchi...............................50g
Shimeji mushrooms............50g
Snap peas.......................6 pieces
Egg.......................................1

**Soup base:**
Bonito fish soup base....1/4 cup
Water........2-3 medium bowls

## • Steps •

1. Cook buckwheat noodle in hot water, then rinse with cold water. Rub noodle slight when rinsing to remove extra flour from the surface.

2. Boil 1 egg until fully cooked, set aside.

3. Wash mushrooms thoroughly and remove stalks/roots. Wash snap peas and remove the fibrous part and set aside.

4. Bring water to a boil, add bonito fish soup base and boil again.

5. Add mushrooms and cook slightly, then add snap peas and kimchi to boil. Add buck wheat noodles and cook for another 1-2 minutes.

6. Serve noodles and ingredients evenly into 2 bowls then serve.

## • 做法 •

1. 蕎麥麵煮熟，一邊過冷河，一邊搓走麵條表面的粉。

2. 煮熟雞蛋，冷卻備用。

3. 日式本菇洗淨，荷蘭豆洗淨去根，備用。

4. 清水煮沸，加入木魚濃縮湯底，以中火煮至湯沸。

5. 放日式本菇略煮。再加入荷蘭豆和韓式泡菜，煮至荷蘭豆全熟後，加入蕎麥麵煮1-2分鐘。

6. 將蕎麥麵及其他材料平均分成2碗即可。

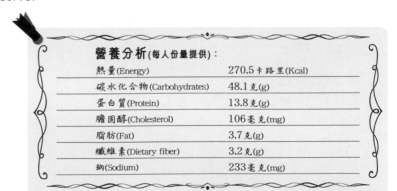

**營養分析**(每人份量提供)：

| | |
|---|---|
| 熱量(Energy) | 270.5卡路里(Kcal) |
| 碳水化合物(Carbohydrates) | 48.1克(g) |
| 蛋白質(Protein) | 13.8克(g) |
| 膽固醇(Cholesterol) | 106毫克(mg) |
| 脂肪(Fat) | 3.7克(g) |
| 纖維素(Dietary fiber) | 3.2克(g) |
| 鈉(Sodium) | 233毫克(mg) |

## *Tips from dietitian*　營養師提醒你

Buckwheat noodle can be purchased in Japanese or bigger supermarket. To add more flavors into the dish, you can add your favorite toppings such as prawns, ham, bean curd or shredded chicken and other vegetables such as corn, shredded carrot and cucumbers.

蕎麥麵在日式超市或較大型的超市有售。不想味道單調，可隨意加入自己喜愛的低脂材料，例如蝦肉、火腿、豆腐乾或雞絲，及蔬菜如粟米、紅蘿蔔絲、青瓜絲等。

# 13 粟米菠蘿火腿炒糙米飯

Fried Brown Rice with Corn, Pineapple and Ham

高纖

## 4人份量
### For 4 servings

材料：

| | |
|---|---|
| 罐裝菠蘿 | ..................3片 |
| 火腿 | ..................3片 |
| 粟米粒 | ..................3/4碗 |
| 雞蛋 | ..................1隻 |
| 糙米飯 | ..................2碗 |
| 芥花籽油 | ..................1/2湯匙 |
| 鹽 | ..................適量 |

Ingredients :

| | |
|---|---|
| Canned pineapple | .........3 rings |
| Ham | ..................3 slices |
| Corn kernel | ..................3/4 bowl |
| Egg | ..................1 |
| Cooked brown rice | .......2 bowls |
| Canola oil | ..................1/2 tbsp |
| A pinch of salt | |

## ● Steps ●

1. Dice ham, whisk egg and set aside.

2. Drain canned pineapple and corn, dice pineapple and set aside.

3. Heat non-stick pan and add oil. Stir fry diced ham until fragrant, add rice and stir fry till rice separates. Add egg and mix well. Add corn kernels and stir fry again till rice is slightly dry. Lastly add diced pineapple and season with salt.

## ● 做法 ●

1. 火腿切粒，雞蛋拌勻，備用。

2. 菠蘿和粟米隔去水份，菠蘿切粒，備用。

3. 燒熱平底鑊，下油，爆香火腿，然後加入糙米飯炒散，加蛋炒勻後，下粟米粒，炒至飯粒乾身，加入菠蘿，最後落鹽調味。

輕盈便利餐

13

粟米菠蘿火腿炒糙米飯

營養分析 (每人份量提供) :

| | |
|---|---|
| 熱量 (Energy) | 235 卡路里 (Kcal) |
| 碳水化合物 (Carbohydrates) | 38.2 克 (g) |
| 蛋白質 (Protein) | 8.4 克 (g) |
| 膽固醇 (Cholesterol) | 65 毫克 (mg) |
| 脂肪 (Fat) | 5.9 克 (g) |
| 纖維素 (Dietary fiber) | 3.0 克 (g) |
| 鈉 (Sodium) | 439 毫克 (mg) |

## *Tips from dietitian*　營養師提醒你

Brown rice has higher fiber content than white rice, which can increase satiety facilitating weight loss. To make fried rice separate easier, you can refrigerate the cooked fried rice overnight before stir-frying.

糙米飯的纖維含量較白米飯高，能增加餐後飽肚感，有助控制體重。想令炒飯更乾身，可將糙米飯放進雪櫃雪過夜才炒。

# 14 毛豆帶子紅米飯

## Mixed Red Rice with Green Soy Beans and Scallops

高纖

**4人份量**
For 4 servings

材料：

白米.............................
.........160克(約1⅓電飯煲米杯)
紅米..80克(約2/3電飯煲米杯)
急凍帶子.....................20隻
新鮮或雪藏毛豆.............200克
水.....................約300毫升
鹽.............................少許

**Ingredients :**

White rice.........................160g
(about 1 ⅓ rice cooker cups)
Red rice.............................80g
(about 2/3 rice cooker cup)
Frozen scallops.........20 pieces
Fresh or frozen green soy
beans.....................200g
Water.............................300ml
A pinch of salt

## Steps

1. Wash red rice and soak in water for at least 2-3 hours.

2. Blanch scallop with hot water until just cooked, dice and set aside.

3. Rinse frozen green soy beans with water. Drain and set aside.

4. Mix red rice and white rice together, and cook with a rice cooker with water.

5. Add scallop on top of the rice when water starts to boil, close rice cooker and cook until scallops are completely done.

6. Mix green soy beans with rice in the rice cooker, add pinch of salt, then cover for another 3 minutes, then serve.

## 做法

1. 紅米洗淨，預先泡浸至少2至3小時。

2. 帶子用沸水灼至剛熟，切粒備用。

3. 雪藏毛豆用清水洗乾淨備用。

4. 混合紅米和白米，放入電飯煲內加水同煲。

5. 電飯煲內的水沸起時，將帶子放上飯面，蓋上煲蓋，焗至帶子熟透。

6. 紅米飯加入毛豆拌勻，下鹽調味，再焗3分鐘即成。

14

毛豆帶子紅米飯

**營養分析**(每人份量提供)：

| 熱量(Energy) | 315.5卡路里(Kcal) |
|---|---|
| 碳水化合物(Carbohydrates) | 52.9克(g) |
| 蛋白質(Protein) | 17.1克(g) |
| 膽固醇(Cholesterol) | 10毫克(mg) |
| 脂肪(Fat) | 4.1克(g) |
| 纖維素(Dietary fiber) | 3.9克(g) |
| 鈉(Sodium) | 348.5毫克(mg) |

## *Tips from dietitian*　營養師提醒你

Green soybean is high in protein and low in saturated fat. It can be used to substitute meat to reduce daily fat intake. Fresh green soybeans are sold in wet market while frozen green soybeans can be bought in big Japanese supermarket. Other than green soybeans, mixed frozen vegetables can also be used.

毛豆屬高蛋白質、高纖維及低飽和脂肪食材，可用來代替日常吃的肉類，以減少脂肪攝取。新鮮毛豆在街市有售，而雪藏毛豆可在大型日式超市買到。除毛豆外亦可用雪藏雜菜粒作替換。

## 15 越式雞肉撈檬粉
### Vietnamese Cold Vermicelli with Chicken

**2人份量**
For 2 servings

材料：

| | |
|---|---|
| 雞髀肉(去皮) | 200克 |
| 乾檬粉 | 150克 |
| 芽菜 | 100克 |
| 生菜 | 1/4個 |
| 花生碎 | 2湯匙 |
| 炸蒜粒 | 2湯匙 |
| 蔥粒 | 2湯匙 |
| 薄荷葉 | 數片 |
| 芥花籽油 | 1/2湯匙 |

醃料：

| | |
|---|---|
| 糖 | 1茶匙 |
| 生抽 | 2茶匙 |
| 魚露 | 1茶匙 |

汁料：

| | |
|---|---|
| 魚露 | 50毫升 |
| 糖 | 1/2湯匙 |
| 青檸(榨汁) | 1個 |
| 紅辣椒(去籽、切粒) | 1隻 |
| 蒜茸 | 1茶匙 |
| 開水 | 50毫升 |

**Ingredients :**

| | |
|---|---|
| Skinless chicken thigh | 200g |
| Dried Vietnamese vermicelli | 150g |
| Bean sprouts | 100g |
| Lettuce | 1/4 |
| Crushed peanuts | 2 tbsp |
| Fried minced garlic | 2 tbsp |
| Diced green onions | 2 tbsp |
| A few mint leaves | |
| Canola oil | 1/2 tbsp |

**Marinade:**

| | |
|---|---|
| Sugar | 1 tsp |
| Soy sauce | 2 tsps |
| Fish sauce | 1 tsp |

**Sauce :**

| | |
|---|---|
| Fish sauce | 50ml |
| Sugar | 1/2 tbsp |
| Lime(juiced) | 1 |
| Chili(seeded,diced) | 1 |
| Minced garlic | 1 tsp |
| Water | 50ml |

## Steps

1. Cook dried vermicelli with water, rinse with cold water, drain and set aside.

2. Cut chicken into strips, marinate for 20 minutes. Heat oil with non-stick pan, stir-fry chicken until completely cooked, plate and set aside.

3. Wash bean sprouts, drain; wash lettuce and shred; wash mint leaves, set aside.

4. Place vermicelli on the bottom of the bowl, add lettuce, bean spouts, chicken in order. Sprinkle with green onion, peanuts and garlic. Add mint leave on the top.

5. Mix sauce ingredients. Mix with vermicelli when serve.

## 做法

1. 乾檬粉白灼至剛熟，過冷河，瀝乾水分備用。

2. 雞肉切條，加入調味料醃20分鐘。燒熱易潔鑊下油，炒雞肉至全熟，盛起備用。

3. 芽菜洗淨，瀝乾水份；生菜洗淨切絲，薄荷葉洗淨備用。

4. 依次將檬粉、生菜絲、芽菜和雞肉一層層放入碗內，灑上蔥粒、花生碎和炸蒜粒，最後放上薄荷葉。

5. 拌勻汁料材料。食用檬粉時，拌入汁料即可。

營養分析(每人份量提供)：

| | |
|---|---|
| 熱量(Energy) | 454卡路里(Kcal) |
| 碳水化合物(Carbohydrates) | 59.5克(g) |
| 蛋白質(Protein) | 26.1克(g) |
| 膽固醇(Cholesterol) | 83毫克(mg) |
| 脂肪(Fat) | 10.6克(g) |
| 纖維素(Dietary fiber) | 3.4克(g) |
| 鈉(Sodium) | 1886毫克(mg) |

## *Tips from dietitian*　營養師提醒你

Vietnamese vermicelli is as low fat as rice noodles. It can be eaten cold or in soup. Keep in mind that a bowl of vermicelli has similar amount of calories as of one bowl of rice, one should eat in moderation.

越式檬粉和金邊粉跟米粉或米線一樣低脂，無論涼拌或放湯一樣可口健康。但謹記，一中碗煮熟了的檬粉相等於一中碗飯的熱量，不要以為健康就不知不覺吃多了。

## 16 蝦米肉絲湯年糕

### Glutinous Rice Cake with Shredded Pork and Dried Shrimp in Soup

## 2人份量
For 2 servings

材料：

| | |
|---|---|
| 上海年糕片(乾) | 100克 |
| 瘦豬肉 | 100克 |
| 娃娃菜 | 100克 |
| 蝦米 | 15克 |
| 乾冬菇 | 4朵 |
| 芥花籽油 | 1/2湯匙 |
| 清雞湯 | 250毫升 |
| 清水 | 250毫升 |

醃料：

| | |
|---|---|
| 糖 | 1/2茶匙 |
| 生抽 | 1茶匙 |
| 麻油 | 少許 |

Ingredients :

Dried Shanghainese glutinous rice cake.................100g
Lean pork....................100g
Cabbage....................100g
Dried shrimp.................15g
Dried Shiitake mushrooms..4
Canola oil..............1/2 tbsp
Chicken broth...........250ml
Water.................250ml

Marinade:

Sugar.....................1/2tsp
Soy sauce................1 tsp
Small amount of sesame oil

## Steps

1. Soak glutinous rice cake with warm water until soft (about 20 minutes), drain; wash cabbage, cut into small pieces.

2. Wash lean meat and shred, marinate for 15 minutes. Soak dried mushroom with warm water, remove stalks and shred.

3. Soak dried shrimp with warm water, drain.

4. Heat oil with non-stick pan, add dried shrimp and stir fry, add shredded pork, cabbage, mushrooms and stir fry till just cook.

5. Add chicken broth and water, cover and cook for 1 -2 minutes over high heat.

6. Add glutinous rice cake, cover and cook until rice cakes soften (about 6-8 minutes), ready to serve.

## 做法

1. 年糕片用溫水泡軟（約20分鐘），撈起瀝乾；娃娃菜洗淨，切細塊。

2. 瘦豬肉洗淨切絲，用醃料醃15分鐘；乾冬菇用溫水泡軟，去蒂切絲。

3. 蝦乾用溫水泡軟，撈起瀝乾。

4. 燒熱易潔鑊，下油爆香蝦乾，加入肉絲、娃娃菜和冬菇絲炒至剛熟。

5. 加入清雞湯和清水，蓋上鑊蓋以大火煮1至2分鐘。

6. 加入年糕片，蓋上蓋煮至年糕片軟身（約6至8分鐘）即成。

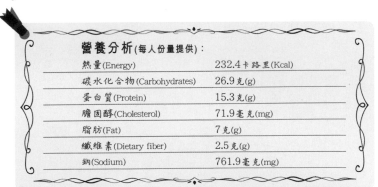

**營養分析**(每人份量提供)：

| | |
|---|---|
| 熱量 (Energy) | 232.4 卡路里 (Kcal) |
| 碳水化合物 (Carbohydrates) | 26.9 克 (g) |
| 蛋白質 (Protein) | 15.3 克 (g) |
| 膽固醇 (Cholesterol) | 71.9 毫克 (mg) |
| 脂肪 (Fat) | 7 克 (g) |
| 纖維素 (Dietary fiber) | 2.5 克 (g) |
| 鈉 (Sodium) | 761.9 毫克 (mg) |

## Tips from dietitian    營養師提醒你

Cooking glutinous rice cake in soup is much healthier than stir-frying with oil. Generous portion of vegetables can also be added to make it a healthy dish. For vegetarians, dried bean curd, soybean sheets and green soy beans can be added to create a special flavor.

年糕放湯較傳統炒年糕少油，且能加入大量蔬菜，烹調成為一份多菜少肉的菜式。吃素的人可嘗試加入豆乾、腐皮和毛豆作配料，別有一番風味。

# 17 青紅椒炒雞柳

Stir-fried Chicken Fillet with Green and Red Bell Peppers

高纖

🍴🍽 **2人份量**
For 2 servings

材料：
雞柳.......................200克
黑木耳(乾).............20克
青椒.......................1/2個
紅椒.......................1/2個
橄欖油...................1湯匙
薑.............................2片

醃料：
鹽.........................1/2茶匙
生粉..........................1茶匙
胡椒粉.......................少許

調味料：
糖.........................1/4茶匙
鹽.........................1/2茶匙

**Ingredients :**
Chicken fillet....................200g
Dried black fungus............20g
Green bell peppers............1/2
Red bell peppers................1/2
Olive oil.........................1 tbsp
Ginger.........................2 slices

**Marinade:**
Salt.......................1/2 tsp
Cornstarch.................1 tsp
Pinch of pepper

**Seasoning:**
Sugar.....................1/4 tsp
Salt.......................1/2 tsp

## Steps

1. Cut chicken fillet into strips, marinate for 30 minutes.

2. Soak black fungus with water, rinse and cut into strips and set aside.

3. Remove seeds from bell peppers, rinse and cut into strips and set aside.

4. Heat 1/2 tbsp olive oil in non-stick pan, add ginger until fragrant, add chicken strips and stir fry until golden brown, plate.

5. Heat 1/2 tbsp olive oil in non-stick pan, add bell peppers and black fungus to stir-fry, season with sugar and salt, add small amount of water and cook for a while. Return chicken back to the pan, and stir fry, and then serve.

## 做法

1. 雞柳切條，以醃料醃約30分鐘。

2. 黑木耳用清水泡軟，洗淨切條備用。

3. 青椒和紅椒去籽，洗淨切條備用。

4. 燒熱易潔鑊，下1/2湯匙橄欖油，爆香薑片，然後下雞柳，煎至表面呈金黃色，盛起備用。

5. 燒熱易潔鑊，下1/2湯匙橄欖油，加青紅椒和木耳快炒，灑上糖和鹽調味，下少許清水煮至全熟，然後加入雞柳炒勻即可。

**營養分析**(每人份量提供)：

| | |
|---|---|
| 熱量(Energy) | 233卡路里(Kcal) |
| 碳水化合物(Carbohydrates) | 12.8克(g) |
| 蛋白質(Protein) | 21.1克(g) |
| 膽固醇(Cholesterol) | 83毫克(mg) |
| 脂肪(Fat) | 11.1克(g) |
| 纖維素(Dietary fiber) | 8.1克(g) |
| 鈉(Sodium) | 673.5毫克(mg) |

## *Tips from dietitian*　營養師提醒你

Adding black fungus into dishes increase soluble fiber content which is low fat while satisfying hunger. Frequent intake of black fungus can also help improve blood cholesterol level.

黑木耳含豐富的水溶性纖維素，低脂之餘又飽肚，多吃還可改善血內膽固醇含量。

# 18 翡翠雜菌炒帶子

## Stir-fried Scallops with Mixed Mushrooms

## 2人份量
### For 2 servings

材料 :
帶子............................160克
蜜糖豆、鮮蘑菇、鮮冬菇、秀
　珍菇......................各40克
紅蘿蔔..........................數片
薑(切粒)........................3片
蒜茸..............................少許
鹽、糖、生粉............各少許
橄欖油....................1/2湯匙

### Ingredients :
Scallops..........................160g
Snap peas........................40g
Straw mushrooms.............40g
Shiitake mushrooms.........40g
Shimeji mushrooms.........40g
Carrots.....................few slices
Ginger (diced).............3 slices
Minced garlic.....small amount
A pinch of salt, sugar and
　cornstarch
Olive oil.....................1/2 tbsp

## Steps

1. Blanch scallops with hot water for 2 minutes until almost cook, drain and set aside.

2. Blanch mushrooms and snap peas, set aside.

3. Heat olive oil in non-stick pan, stir fry ginger and garlic until fragrant. Add all other ingredients and stir fry, season with salt and sugar. Thicken sauce with cornstarch water, and then serve.

## 做法

1. 白灼帶子約2分鐘,至七成熟,瀝乾水份備用。

2. 雜菌和蜜糖豆汆水備用。

3. 燒熱易潔鑊,下橄欖油,爆香薑粒和蒜茸,將所有材料放入鑊中炒勻,下鹽、糖調味,埋生粉芡炒勻即成。

**營養分析**(每人份量提供) :

| | |
|---|---|
| 熱量(Energy) | 144.8卡路里(Kcal) |
| 碳水化合物(Carbohydrates) | 11克(g) |
| 蛋白質(Protein) | 15.4克(g) |
| 膽固醇(Cholesterol) | 26.5毫克(mg) |
| 脂肪(Fat) | 4.4克(g) |
| 纖維素(Dietary fiber) | 1.8克(g) |
| 鈉(Sodium) | 793.5毫克(mg) |

## *Tips from dietitian*　營養師提醒你

Scallop is a low fat, low cholesterol seafood, it helps lower fat intake by substituting meat. 5 scallops have only 75 calories which has 50% less energy as compared to same amount of lean pork. Mixed mushrooms are used to increase fiber while being low in fat.

帶子屬低脂低膽固醇海鮮,用來代替肉類,有助減少脂肪攝取。5隻大帶子只含有75卡路里,比相等份量的瘦豬肉少50%熱量,日常可多選作食材。此外,這食譜還加入了不同菇菌類,低脂之餘又高纖。

# 19 肉碎粉絲蒸蛋

## Steamed Egg with Minced Pork and Mung Bean Noodle

## 4人份量
For 4 servings

材料：

| | |
|---|---|
| 蛋 | 4隻(大) |
| 清水 | 200毫升 |
| 粉絲 | 1/4小包 |
| 瘦肉碎 | 80克 |
| 蔥 | 1棵 |

醃料：

| | |
|---|---|
| 生抽 | 2茶匙 |
| 黑胡椒 | 少許 |
| 砂糖 | 1/4茶匙 |
| 橄欖油 | 1/2茶匙 |
| 生粉 | 1/2茶匙 |

調味料：

| | |
|---|---|
| 鹽 | 1/4茶匙 |
| 麻油 | 少許 |
| 生抽 | 1湯匙 |

### Ingredients :

| | |
|---|---|
| Large eggs | 4 |
| Water | 200ml |
| Small pack dried mung bean noodles | 1/4 |
| Minced lean pork | 80g |
| Green onions | 1 stalk |

### Marinade :

| | |
|---|---|
| Soy sauce | 2 tsp |
| Pinch of pepper | |
| Sugar | 1/4 tsp |
| Olive oil | 1/2 tsp |
| Cornstarch | 1/2 tsp |

### Seasoning :

| | |
|---|---|
| Salt | 1/4 tsp |
| Sesame oil | small amount |
| Soy sauce | 1 tbsp |

## Steps

1. Marinate minced pork for 1 hour; soak mung bean noodle until soft, drain and cut into small pieces.

2. Whisk eggs, salt, water and sesame oil together; rinse green onion and dice.

3. Add minced pork and mung bean noodles into the eggs, pour into shallow dish.

4. Cover dish with cling wrap or aluminum foil, steam about 10 minutes.

5. Sprinkle with diced green onion and drizzle with soy sauce.

## 做法

1. 用醃料醃瘦肉碎約1小時；粉絲泡軟，瀝乾水份，切段。

2. 雞蛋加鹽、水、麻油拌勻；蔥洗淨切粒。

3. 肉碎和粉絲加入蛋中，倒進蒸碟。

4. 用保鮮紙或錫紙覆蓋蒸碟，隔水蒸約10分鐘。

5. 最後灑上蔥花和淋上生抽。

### 營養分析 (每人份量提供) :

| | |
|---|---|
| 熱量(Energy) | 123.4卡路里(Kcal) |
| 碳水化合物(Carbohydrates) | 4.5克(g) |
| 蛋白質(Protein) | 10.9克(g) |
| 膽固醇(Cholesterol) | 223.3毫克(mg) |
| 脂肪(Fat) | 6.9克(g) |
| 纖維素(Dietary fiber) | 0.1克(g) |
| 鈉(Sodium) | 499.6毫克(mg) |

## Tips from dietitian　營養師提醒你

Many weight control individuals think that they have to cook their meals separately from their family, which is actually unnecessary. Simple dishes such as steamed egg, steamed minced lean pork with mushrooms and water chestnut, steamed whole fish, steamed tofu with minced carp fish and steamed chicken (skin removed) are all good healthy choices for the whole family.

很多人為了減肥而跟家人分開煮食，其實，這是不必要的。一些簡單的家常菜式，如這款蒸水蛋，或馬蹄冬菇蒸肉餅、薑蔥蒸魚、鯪魚肉蒸豆腐、白切雞(去皮)等，都屬簡單又美味的健康之選，可與家人一起吃，且對全家都有益。

# 20 錦繡雞粒

Stir-fried Diced Chicken with Colorful Mixed Vegetables

**4人份量**
For 4 servings

材料：
雞腿肉(去皮)......................280克
西芹、粟米粒、紅蘿蔔..各40克
橄欖油......................................2茶匙
薑、蒜茸.............................各1茶匙
紹酒、生抽、粟粉..........各少許

調味：
蠔油.......................................1湯匙
生油....................................1/2茶匙
鹽.......................................1/4茶匙
清水.......................................2湯匙
粟粉....................................1.5茶匙

**Ingredients :**
Skinless chicken thigh meat
............................................280g
Celery.....................................40g
Corn kernels.........................40g
Carrots...................................40g
Olive oil...............................2 tsp
Minced ginger.....................1 tsp
Minced garlic.......................1 tsp
Chinese wine, soy sauce and
cornstarch........small amount

**Seasoning :**
Oyster sauce.....................1 tbsp
Soy sauce.........................1/2 tsp
Salt.....................................1/4 tsp
Water.................................2 tbsp
Cornstarch.........................1.5 tsp

## Steps

1. Cut chicken meat into dice, add small amount of soy sauce and cornstarch to marinate.

2. Dice celery and carrots.

3. Heat olive oil with a non-stick pan, stir fry ginger and garlic until fragrant, and add diced chicken and stir fry over medium heat until almost cooked. Add celery, carrots and corn kernel and stir fry again. Drizzle wine and add seasonings to taste.

## 做法

1. 雞腿肉去皮切小粒，以少許生抽和粟粉略醃。

2. 西芹和紅蘿蔔切小粒。

3. 燒熱易潔鑊，用橄欖油爆香薑和蒜茸，下雞肉以中慢火煎香，然後放入西芹、紅蘿蔔和粟米粒炒香，潷酒和加調味料炒勻即可。

### 營養分析 (每人份量提供)：

| | |
|---|---|
| 熱量 (Energy) | 146.3 卡路里 (Kcal) |
| 碳水化合物 (Carbohydrates) | 7.9 克 (g) |
| 蛋白質 (Protein) | 15.1 克 (g) |
| 膽固醇 (Cholesterol) | 58 毫克 (mg) |
| 脂肪 (Fat) | 5.8 克 (g) |
| 纖維素 (Dietary fiber) | 0.9 克 (g) |
| 鈉 (Sodium) | 419.3 毫克 (mg) |

## *Tips from dietitian* 營養師提醒你

Eating different color vegetables increases consumption of a variety of antioxidants; therefore when choosing vegetables, it is best to choose vegetables in dark green, orange, red, blue and white to have a good mixture.

多吃五顏六色的蔬菜令身體攝取更多抗氧化營養素，所以，購買蔬菜時，不妨選購深綠色、橙黃色、紅色、紫藍色和白色做配搭。

## 21 日式雜菌豆腐
### Special Japanese Style Tofu

素良

🍴🍽 **2人份量**
**For 2 servings**

材料：
日本絹豆腐..............................1盒
冬菇.......................................3朵
金菇.......................................50克
舞茸菇...................................50克
蒜茸.......................................1茶匙
橄欖油...................................2茶匙
鹽、胡椒粉、生粉.........各少許

調味料：
日本醬油...............................1湯匙
味醂.......................................1茶匙
砂糖...................................1/2茶匙

**Ingredients :**
Japanese style soft tofu...1 box
Fresh Shiitake mushrooms...3
Enoki mushrooms.................50g
Maitake mushrooms.............50g
Minced garlic.......................1 tsp
Olive oil................................2 tsp
Salt,pepper and cornstarch.....
...............................small amount

**Seasoning :**
Japanese soy sauce.....1 tbsp
Japanese rice wine........1 tsp
Sugar............................1/2 tsp

## Steps

1. Slice all mushrooms.

2. Cut tofu into big piece, pat dry with paper tower, sprinkle with salt and pepper.

3. Heat olive oil with non-stick pan. Coat tofu with small amount of cornstarch, and pan fry both sides till crispy, then plate.

4. Stir fry garlic until fragrant, add mixed mushrooms and stir well with seasonings. Pour on top of tofu.

## 做法

1. 菇類切片。

2. 豆腐切塊，用廚房紙印乾，抹上少許鹽和胡椒粉。

3. 燒熱易潔鑊，下橄欖油。豆腐沾上少許生粉，煎至表面脆身。

4. 炒香蒜茸，然後轉大火，下雜菌炒香，再下調味料炒勻，然後淋在豆腐面即成。

**營養分析**(每人份量提供)：

| | |
|---|---|
| 熱量(Energy) | 202.3卡路里(Kcal) |
| 碳水化合物(Carbohydrates) | 11.7克(g) |
| 蛋白質(Protein) | 15.5克(g) |
| 膽固醇(Cholesterol) | 0.0毫克(mg) |
| 脂肪(Fat) | 12.3克(g) |
| 纖維素(Dietary fiber) | 2.8克(g) |
| 鈉(Sodium) | 763.5毫克(mg) |

## *Tips from dietitian*　營養師提醒你

Scientific evidence showed that consuming 25g soy protein daily can reduce bad cholesterol by 10%. One block of tofu or 1 cup of soymilk already provides 7-8g soy protein which can help lower the risk of atherosclerosis. Mushrooms contain oligosaccharides which help support the immune system.

科學研究指出，每日吃25克黃豆蛋白可令血液中的壞膽固醇下降一成。1磚豆腐或1杯豆漿含有7-8克黃豆蛋白，多吃能減少血管硬化。菇菌含有豐富多醣體物質(Oligosaccharides)，有調節免疫力的功效。

# 22 香茅清湯蜆
## Clams in Lemongrass Consommé

## 4人份量
For 4 servings

材料：

| | |
|---|---|
| 洋葱 | 1/2個 |
| 南薑 | 6片 |
| 香茅 | 5條 |
| 檸檬葉 | 5片 |
| 青檸汁 | 3-4湯匙 |
| 上湯 | 500毫升 |
| 水 | 400毫升 |
| 蜆 | 640克(1斤) |
| 橄欖油 | 1/2 湯匙 |

**Ingredients :**

| | |
|---|---|
| Onion | 1/2 |
| Fresh turmeric | 6 slices |
| Lemon grass | 5 stalks |
| Lemon leaves | 5 |
| Lime juice | 3-4 tbsp |
| Broth | 500ml |
| Water | 400ml |
| Clams | 640g(1 catty) |
| Olive oil | 1/2 tbsp |

## Steps

1. Soak clams for 2 hours, let sand be spitted out. Rinse with water, drain and set aside.

2. Peel onion and cut into pieces. Pound fresh turmeric by a knife; cut lemon grass into small stalks and pound.

3. Heat oil with non-stick pan over low heat, stir fry onion till fragrant, add fresh turmeric and lemongrass and stir fry. Add water, broth and lemon leaves, cover and simmer over low heat for 20 minutes.

4. Remove all herbs, add clams and cover with lid, cook over low heat until all shells are opened.

5. Place lime juice on the bottom of a big bowl; pour in clams and soup, then serve.

## 做法

1. 蜆用鹽水浸2小時使吐淨沙，然後用水洗淨，隔水備用。

2. 洋葱去皮切件，南薑用刀背拍扁，香茅切段後舂扁。

3. 易潔鑊下油，用小火燒熱，下洋葱爆香，再下南薑和香茅炒香，下水、上湯和檸檬葉，煮沸後蓋上鑊蓋，小火煮20分鐘。

4. 取出所有香料，下蜆，蓋上鑊蓋用小火煮至開口後熄火。

5. 青檸汁倒進大碗，注入蜆和湯即可食用。

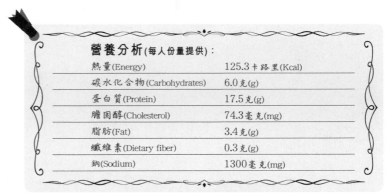

**營養分析**(每人份量提供)：

| | |
|---|---|
| 熱量 (Energy) | 125.3 卡路里 (Kcal) |
| 碳水化合物 (Carbohydrates) | 6.0 克(g) |
| 蛋白質 (Protein) | 17.5 克(g) |
| 膽固醇 (Cholesterol) | 74.3 毫克(mg) |
| 脂肪 (Fat) | 3.4 克(g) |
| 纖維素 (Dietary fiber) | 0.3 克(g) |
| 鈉 (Sodium) | 1300 毫克(mg) |

## *Tips from dietitian* 營養師提醒你

Many people who try to lose weight would reduce the intake of red meat, which increases the risk of iron-deficiency anemia. Clam has high amount of heme-iron comparable to the iron content of red meat, and it's more absorbable than the non-heme iron provided by eating spinach. Therefore, if you don't eat red meat, you can choose clams or mussels as an alternative.

紅肉含較高脂肪，許多減肥人士因此減少進食，有可能導致身體攝取不夠鐵質而增加患貧血機會。蜆的血紅性鐵質(Heme Iron)含量跟紅肉差不多，又比菠菜的非血紅性鐵質(Non-heme Iron)易吸收。所以，如果不吃紅肉，不妨改吃蜆或青口。

## 23 竹笙羅漢燴瓜環

Vegetarian Braised Winter Melon with Bamboo Piths

**4人份量**
For 4 servings

材料：

鮮腐竹(切段)......................60克
白果......................................8粒
竹笙(浸軟).............................8條
草菇......................................8朵
鮮冬菇..................................6朵
雞髀菇..................................2朵
冬瓜(切成環狀)..................750克
紅蘿蔔(切粒).........................40克
秀珍菇..................................10朵
珍珠筍..................................6條
米酒、幼鹽........................各少許
生粉...................................適量
清水..................................1湯匙

調味：

素食蠔油.............................2茶匙
糖...................................1/2茶匙
鹽...................................1/3茶匙

**Ingredients :**

Fresh soybean sheet (cut into
      sections)..........................60g
Gingko seeds..........................8
Bamboo piths (soaked).........8
Straw mushrooms................8
Fresh Shiitake mushrooms....6
Oyster mushrooms................2
Winter melon (a whole ring)
      ...................................750g
Diced carrots....................40g
Shimeji mushrooms.............10
Mini bamboo shoots..............6
Rice wine, salt and cornstarch
      .......................small amount
Water....................................1 tbsp

**Seasoning :**

Vegetarian oyster sauce..2 tsp
Sugar...........................1/2 tsp
Salt................................1/3tsp

● **Steps** ●

1. Peel and remove seed from winter melon, sprinkle with salt and steam for 15 minutes. Turn off heat and cover for 10 minutes until melon is soft and appear semi-transparent. Plate winter melon and keep the fluid.

2. Cut oyster mushrooms into thick slices; slice Shiitake mushrooms; cut straw mushrooms in halves. Add small amount of rice wine and salt into boiling water, and blanch all mushrooms, bamboo shoots, drain and dry.

3. Heat 1/3 cup of winter melon fluid with a non-stick pan, add bamboo pith, soybean curd, diced carrots, mini bamboo shoot, Gingko seeds, mushrooms and sauce. Braised until flavorful; thicken with cornstarch water, then pour over winter melon ring.

● **做法** ●

1. 冬瓜去皮去瓤，在表面均勻抹上幼鹽，隔水蒸約15分鐘，熄火後焗約10分鐘，至冬瓜軟身和呈半透明狀，然後盛起冬瓜，並保留冬瓜水。

2. 雞髀菇切厚片；鮮冬菇切片；草菇切半。以加入少許燒酒和鹽的沸水略灼菇類和珍珠筍，然後瀝乾水份。

3. 用易潔鑊煮沸1/3杯冬瓜水，放入竹笙、腐竹、紅蘿蔔粒、珍珠筍、銀杏、菇類和汁料，燜至入味，埋生粉後盛起淋在冬瓜環上。

**營養分析**(每人份量提供)：

| | |
|---|---|
| 熱量(Energy) | 77.8 卡路里(Kcal) |
| 碳水化合物(Carbohydrates) | 15.4 克(g) |
| 蛋白質(Protein) | 4.0 克(g) |
| 膽固醇(Cholesterol) | 0.0 毫克(mg) |
| 脂肪(Fat) | 0.6 克(g) |
| 纖維素(Dietary fiber) | 6.6 克(g) |
| 鈉(Sodium) | 478.7 毫克(mg) |

*Tips from dietitian* 營養師提醒你

Eating healthy does not mean bland taste and boring. Be creative with recipes by adding variety of vegetables and mushrooms can improve texture and flavors.

只要花點心思，吃得健康與淡而無味不見得會畫上等號，例如這款菜式，加入不同種類的蔬菜和菇菌便能增加口感和味道。

# 24 低脂咖哩雞
## Low-fat Curry Chicken

## 4人份量
### For 4 servings

材料：

| | |
|---|---|
| 去皮雞扒 | 2塊 |
| 馬鈴薯 | 1個 |
| 葱 | 2棵 |
| 紅蘿蔔 | 1個 |
| 薑 | 2片 |
| 酒 | 1湯匙 |
| 蒜頭(磨成茸) | 2瓣 |
| 咖喱粉 | 2茶匙 |
| 橄欖油 | 2湯匙 |
| 花奶 | 3湯匙 |
| 低脂奶 | 6湯匙 |
| 生粉 | 1茶匙 |
| 清水 | 1湯匙 |

調味：

| | |
|---|---|
| 鹽 | 1/4茶匙 |
| 生抽 | 1/2茶匙 |
| 胡椒粉 | 少許 |
| 麻油 | 少許 |

### Ingredients :

| | |
|---|---|
| Skinless chicken thigh | 2 pieces |
| Potato | 1 |
| Green onions | 2 stalks |
| Small carrot | 1 |
| Ginger | 2 slices |
| Wine | 1 tbsp |
| Minced garlic | 2 cloves |
| Curry powder | 2 tsp |
| Olive oil | 2 tbsp |
| Evaporated milk | 3 tbsp |
| Low fat milk | 6 tbsp |
| Cornstarch | 1 tsp |
| Water | 1 tbsp |

### Seasoning :

| | |
|---|---|
| Salt | 1/4 tsp |
| Soy sauce | 1/2 tsp |
| Pinch of pepper | |
| Sesame oil | small amount |

## Steps

1. Wash chicken thigh and cut into big pieces. Peel potato and carrot and cut into small pieces. Wash green onion, and cut into small stalks.

2. Pan fry chicken pieces with 1 tbsp oil until golden brown, plate and drain extra oil.

3. Mix sauce and set aside.

4. Heat 1 tbsp olive oil with a non-stick pan, stir fry ginger and garlic until fragrant, add potato and carrot and curry powder and stir fry again. Then add wine, sauce mixture and bring to a boil. Add chicken pieces, cover with lid then simmer for another 10 minutes.

5. Add green onion, milk and evaporated milk, and thicken with cornstarch water. Season with salt and pepper, stir well then serve.

## 做法

1. 雞扒洗淨切成大塊；馬鈴薯和紅蘿蔔去皮切細件；葱洗淨切段。

2. 雞塊下1湯匙油炒至金黃色，取出瀝乾油份。

3. 芡料拌勻備用。

4. 用易潔鑊起鑊，下1湯匙油，爆香薑片和蒜茸，放入馬鈴薯、紅蘿蔔和咖喱粉炒香；然後濽酒，下芡汁，煮沸後下雞件，蓋上鑊蓋，文火炆約10分鐘。

5. 下葱段、低脂奶、花奶，埋生粉水，加入調味，炒勻便可上碟。

### 營養分析 (每人份量提供)：

| | |
|---|---|
| 熱量 (Energy) | 190.3 卡路里 (Kcal) |
| 碳水化合物 (Carbohydrates) | 14.9 克 (g) |
| 蛋白質 (Protein) | 10 克 (g) |
| 膽固醇 (Cholesterol) | 34 毫克 (mg) |
| 脂肪 (Fat) | 9.9 克 (g) |
| 纖維素 (Dietary fiber) | 1.7 克 (g) |
| 鈉 (Sodium) | 698 毫克 (mg) |

## *Tips from dietitian*　營養師提醒你

Regular curry sauce consists of coconut milk which makes it high in saturated fats. Fat content can be up to 70%. This recipe uses small amount of evaporated milk and low fat milk to substitute coconut milk to make the curry healthier and keep flavor.

坊間的即食咖喱汁多以含大量飽和脂肪的椰汁做成，脂肪成分高達七成。此食譜以少量花奶和低脂奶代替椰汁，既較健康，又不失香滑。

## 25 蝦仁柚肉涼拌粉絲
### Konnyaku Salad with Shrimps and Pomelo

低脂　高纖

🍴🍽 **2人份量**
For 2 servings

材料：

鮮蝦仁............................160克
芋絲................................10扎
泰國蜜柚.........................1/2個
炸蒜茸............................1茶匙

醃料：

鹽.................................少許
胡椒粉.............................少許

醬料：

米醋..............................3湯匙
魚露..............................1茶匙
砂糖..............................1湯匙
青檸葉.............................1片
芫荽................................2棵

**Ingredients :**

Peeled shrimps................160g
Konnyaku (shirataki noodles)
..........................10 bunches
Thai pomelo........................1/2
Fried garlic......................1 tsp

**Marinade :**

A pinch of salt and pepper

**Sauce :**

Rice wine vinegar..........3 tbsp
Fish sauce........................1 tsp
Sugar............................1 tbsp
Lime leave...........................1
Coriander....................2 stalks

---

## ● Steps ●

1. Marinade shrimps with salt and pepper for 10 minutes, then boil them until just cooked, drain and dry.

2. Blanch konnyaku and drain.

3. Peel and remove pulp from pomelo and tear into small pieces by hand.

4. Wash lime leaves and coriander, and cut into small pieces.

5. Place konnyaku on a plate; add shrimp and pomelo on top. Cover with plastic wrap and refrigerate for at least 30 minutes.

6. Before serving, mix rice wine vinegar, fish sauce and sugar into a sauce, and then add lime leaves and coriander. Pour over the konnyaku, and sprinkle with fried garlic.

---

## ● 做法 ●

1. 蝦仁用鹽和胡椒粉醃10分鐘，灼至剛熟，即撈起瀝乾水份。

2. 芋絲汆水，瀝乾水份。

3. 蜜柚去皮及衣，取出柚子肉，用手分開柚子肉。

4. 青檸葉和芫荽洗淨切碎。

5. 粉絲鋪在碟上，然後平均鋪上蝦仁和柚子肉，用保鮮紙包好後，放入雪櫃冷藏最少30分鐘。

6. 食用前，將米醋、蒜茸、魚露和砂糖混和，加入切碎的青檸葉和芫荽，然後淋在芋絲上，撒上炸蒜茸即可食用。

---

**營養分析**(每人份量提供)：

| | |
|---|---|
| 熱量 (Energy) | 182.5 卡路里 (Kcal) |
| 碳水化合物 (Carbohydrates) | 24.4 克 (g) |
| 蛋白質 (Protein) | 18.3 克 (g) |
| 膽固醇 (Cholesterol) | 121.5 毫克 (mg) |
| 脂肪 (Fat) | 1.6 克 (g) |
| 纖維素 (Dietary fiber) | 4.1 克 (g) |
| 鈉 (Sodium) | 1103.3 毫克 (mg) |

---

## *Tips from dietitian*　營養師提醒你

Konnyaku is low in calorie and high in fiber with good texture. Shrimps are good source of high quality protein. Thai pomelo is rich in vitamin C which can boost immunity. People who want to lose weight can choose this dish as full meal.

芋絲熱量低、纖維高，又富口感；蝦仁含優質蛋白質；泰國蜜柚含豐富維他命C，有助增強抵抗力；減肥人士可以此餸為正餐。

## 26 金針雲耳紅棗蒸鮮雞髀菇

Steamed Drumstick Mushrooms with Dried Daylily Flowers,
Black Fungus and Dried Red Dates

**4人份量**
For 4 servings

材料：
金針..............................20克
雲耳(乾)........................20克
紅棗..............................20克
新鮮雞髀菇....................350克

調味料：
麻油..............................2茶匙
芥花籽油........................2茶匙
鹽...............................1/2茶匙
糖...............................2茶匙

Ingredients :
Dried daylily flowers.........20g
Dried black fungus...........20g
Dried red dates.................20g
Fresh drumstick mushrooms...
...................................350g

Seasonings :
Sesame oil......................2 tsp
Canola oil.......................2 tsp
Salt.................................1/2 tsp
Sugar..............................2 tsp

## Steps

1. Wash and soak daylily flowers and black fungus, remove roots and hard parts of black fungus; dice daylily flowers and black fungus. Remove seeds from dried red dates, cut into halves and set aside.

2. Wash drumstick mushrooms, cut into thick pieces. Blanch mushrooms, daylily flowers and black fungus. Drain, dry and set aside.

3. Mix seasonings with daylily flowers, black fungus and dates.

4. Lay sliced drumstick mushrooms on a plate, put (3) on top of each slice of mushrooms, and steam for 5-6 minutes then serve.

## 做法

1. 金針、雲耳洗淨泡軟，剪去金針頭部和雲耳較硬部分；金針和雲耳切碎，紅棗去核切半備用。

2. 新鮮雞髀菇洗淨、切厚片，然後與金針、雲耳和紅棗一同出水，瀝乾水份備用。

3. 金針、雲耳和紅棗加入調味料拌勻。

4. 雞髀菇片平均鋪在碟上，將(3)鋪在雞髀菇上，然後隔水蒸約5-6分鐘。

**營養分析**(每人份量提供)：

| | |
|---|---|
| 熱量(Energy) | 127.3卡路里(Kcal) |
| 碳水化合物(Carbohydrates) | 17.9克(g) |
| 蛋白質(Protein) | 3.9克(g) |
| 膽固醇(Cholesterol) | 0.0毫克(mg) |
| 脂肪(Fat) | 5.0克(g) |
| 纖維素(Dietary fiber) | 3.9克(g) |
| 鈉(Sodium) | 303.1毫克(mg) |

## *Tips from dietitian* 營養師提醒你

Black fungus has high amount of soluble fiber and collagen which can improve heart strength while benefiting intestinal and skin health. This dish is very suitable for vegetarians.

雲耳含大量水溶性纖維素，又含能保持肌膚彈性的膠原蛋白，多吃能促進心臟、腸胃及皮膚健康。此菜式非常適合素食者食用。

# 27 草菇洋蔥牛柳絲
## Stir-fried Beef Tenderloin with Straw Mushrooms and Onions

## 4人份量
## For 4 servings

材料：

牛柳......................300克
洋蔥........................1個
鮮草菇.....................80克
蒜茸......................2茶匙
薑..........................2片
芥花籽油..................1湯匙
粟粉.......................適量

醃料：

蠔油......................1湯匙
生抽....................1/2茶匙
鹽......................1/2茶匙
糖......................1/2茶匙

**Ingredients :**

Beef tenderloin..............300g
Onion.............................1
Straw mushrooms............80g
Minced garlic..................2 tsp
Ginger......................2 pieces
Canola oil....................1 tbsp
Cornstarch.........small amount

**Marinade :**

Oyster sauce.................1 tbsp
Soy sauce....................1/2 tsp
Salt.............................1/2 tsp
Sugar..........................1/2 tsp

## Steps

1. Cut beef tenderloin into strips, marinate for 15 minutes; shred onion; wash straw mushrooms, drain and set aside.

2. Heat 1/2 tbsp oil in a non-stick pan, stir fry beef until 60% done, plate and set aside.

3. Heat 1/2 tbsp oil again in a non-stick pan, stir fry minced garlic and ginger until fragrant, add onion and stir fry until slightly cooked, add mushrooms and mix thoroughly.

4. Return beef to the pan and stir fry for another 30 seconds, thicken sauce with cornstarch water, then serve.

## 做法

1. 牛柳切絲，用醃料醃15分鐘；洋蔥切絲；草菇洗淨出水，瀝乾備用。

2. 燒熱易潔鑊下1/2湯匙油，把牛柳絲炒至6成熟，盛起備用。

3. 再燒熱易潔鑊下1/2湯匙油，炒香蒜茸和薑片，下洋蔥炒至略熟，放草菇抄勻。

4. 牛柳絲回鑊炒半分鐘，用粟粉水埋芡即成。

### 營養分析(每人份量提供)：

| | |
|---|---|
| 熱量(Energy) | 173.9卡路里(Kcal) |
| 碳水化合物(Carbohydrates) | 6.0克(g) |
| 蛋白質(Protein) | 17.4克(g) |
| 膽固醇(Cholesterol) | 50.3毫克(mg) |
| 脂肪(Fat) | 8.5克(g) |
| 纖維素(Dietary fiber) | 0.9克(g) |
| 鈉(Sodium) | 509.4毫克(mg) |

## *Tips from dietitian* 營養師提醒你

Long term deficiency in iron can lead to anemia, which cause fatigue, coldness and pale skin. Women are especially high risk in anemia. To prevent anemia, one should consume red meat such as beef, lamb and pork once to twice a week.

日常飲食長期缺乏鐵質可導致貧血，令人容易感到疲倦、怕冷和面色蒼白。女士患貧血的機會較大。想避免缺鐵，每星期最好進食1-2次紅肉如牛肉、羊肉和豬肉等。

# 28 鮮茄洋蔥燴豬柳
## Stewed Pork Tenderloin with Tomato and Onions

## 4人份量
## For 4 servings

**材料：**

| | |
|---|---|
| 豬肉眼(豬柳) | 4-6塊(約320克) |
| 洋蔥 | 1個 |
| 蒜茸 | 2茶匙 |
| 紅葱頭 | 1顆 |
| 番茄 | 3個 |
| 粟米油 | 1湯匙 |
| 粟粉 | 適量 |

**醃料：**

| | |
|---|---|
| 鹽 | 1/2茶匙 |
| 糖 | 1/2茶匙 |

**汁料：**

| | |
|---|---|
| 茄汁 | 3湯匙 |
| 清水 | 1/2杯 |
| 糖 | 1湯匙 |
| 老抽 | 1湯匙 |

**Ingredients :**

| | |
|---|---|
| Pork tenderloin | 4 - 6 pieces (about 320g) |
| Onion | 1 |
| Minced garlic | 2 tsp |
| Shallot | 1 |
| Tomatoes | 3 |
| Corn oil | 1 tbsp |
| Cornstarch | small amount |

**Marinade :**

| | |
|---|---|
| Salt | 1/2 tsp |
| Sugar | 1/2 tsp |

**Sauce :**

| | |
|---|---|
| Ketchup | 3 tbsp |
| Water | 1/2 cup |
| Sugar | 1 tbsp |
| Dark soy sauce | 1 tbsp |

## Steps

1. Cut pork tenderloin into small pieces, pound slices to tenderize; marinade for 15 minutes.

2. Peel and cut onions and shallot into small pieces; wash tomatoes and cut into big pieces.

3. Heat 1/2 tbsp oil in a non-stick pan, pan fry tenderloin until fully cooked and golden brown, plate and set aside.

4. Mix sauce and set aside.

5. Heat 1/2 tbsp in a non-stick pan, stir fry minced garlic and shallots until fragrant, add onions and tomatoes and stir fry until soft; then add sauce until boil.

6. Return tenderloin into the pan, cover and cook for 2 minutes. Mix 2 tbsp water with cornstarch, thicken the sauce with it, then serve.

## 做法

1. 豬柳切小件，以刀背拍鬆，用醃料醃約15分鐘。

2. 洋蔥去衣切小片；紅葱頭去衣切粒；番茄洗淨切件備用。

3. 燒熱易潔鑊下1/2湯匙油，豬柳煎至全熟和兩面變成金黃色，盛起備用。

4. 汁料拌勻備用。

5. 燒熱易潔鑊下1/2湯匙油，爆香蒜茸和紅葱頭，下洋蔥和番茄炒至軟身，然後加入汁料煮沸。

6. 豬柳回鑊略炒，蓋上蓋焗2分鐘，粟粉用2湯匙水開稀，埋芡上碟即成。

### 營養分析 (每人份量提供)：

| | |
|---|---|
| 熱量(Energy) | 184卡路里(Kcal) |
| 碳水化合物(Carbohydrates) | 15.6克(g) |
| 蛋白質(Protein) | 18.5克(g) |
| 膽固醇(Cholesterol) | 52毫克(mg) |
| 脂肪(Fat) | 5.5克(g) |
| 纖維素(Dietary fiber) | 1.7克(g) |
| 鈉(Sodium) | 690.3毫克(mg) |

## Tips from dietitian　營養師提醒你

Stir frying with a non-stick pan can reduce the use of oil and prevent food from sticking. Besides, canola oil or olive oil in a spraying can is also available in the supermarket which can also be used to prevent sticking during stir-frying.

因為易潔鑊可以避免黏底，所以，可以用較少油來煎肉。另外，市面上有噴霧裝芥花籽油或橄欖油出售，用來噴上鑊面，既可防止黏底，又能減少用油。

## 29 冬瓜粟米瑤柱湯

### Winter Melon, Corn and Dried Scallop Soup

🍴🍽 **4人份量**
For 4 servings

材料：
冬瓜.........................400克
瑤柱.............................4粒
蜜棗.............................2粒
粟米.............................2條
薑.................................1片
清水..........................10碗

調味料：
鹽.............................適量

**Ingredients :**
Winter melon..................400g
Dried scallops......................4
Sweet Chinese dates............2
Corn cobs............................2
Ginger...........................1 slice
Water.........................10 bowls

**Seasonings:**
A pinch of salt

## Steps

1. Peel winter melon and cut into thick slices. Wash dried scallop, dates and ginger, set aside.

2. Cut corn into sections, and pan fry it until fragrant, set aside.

3. Use 10 bowls of water to boil corn, dried scallops, dates and ginger together for 1 hour, add winter melon and boil for another 45 minutes. Season with salt with serve.

## 做法

1. 冬瓜連皮切厚片，瑤柱、蜜棗和薑片洗淨，備用。

2. 粟米切段，以白鑊煎香，備用。

3. 粟米、瑤柱、蜜棗和薑片加10碗水煲1小時，放冬瓜片後再煲45分鐘，飲用時加入適量鹽調味。

**營養分析**(每人份量提供)：

| | |
|---|---|
| 熱量(Energy) | 26.3卡路里(Kcal) |
| 碳水化合物(Carbohydrates) | 4.5克(g) |
| 蛋白質(Protein) | 1.9克(g) |
| 膽固醇(Cholesterol) | 1.3毫克(mg) |
| 脂肪(Fat) | 0.3克(g) |
| 纖維素(Dietary fiber) | 0.5克(g) |
| 鈉(Sodium) | 332.1毫克(mg) |

## *Tips from dietitian* 營養師提醒你

Pan-frying corn before boiling can bring out the sweetness of corn, making the soup sweeter. Winter melon helps hydration, and is low in calories, which is very suitable as a soup of summer.

粟米用白鑊煎香後，糖份和澱粉質都會因受熱而濃縮，令湯水更香甜。冬瓜有消暑解渴的功效，所含的熱量極低，最適合夏季飲用。

# 30 中式羅宋牛脹湯

Healthy Chinese Style Borsh Soup

低脂

**◉ 4人份量**
For 4 servings

材料：
牛䐃..........................500克
月桂葉........................數片
薑片..........................2片
葱..........................1條
白洋葱........................1個
黃洋葱........................1個
馬鈴薯........................1個
紅蘿蔔........................1中條
番茄..........................2個
椰菜..........................1/4個
清水..........................10碗
鹽..........................適量

Ingredients :
Beef shank.....................500g
Bay leaves........................few
Ginger........................2 slices
Green onion..................1 stalk
White onion...........................1
Brown onion........................1
Potato...........................1
Medium carrot.......................1
Tomatoes..............................2
Cabbage..............................1/4
Water.........................10 bowls
Pinch of salt

**◉ Steps ◉**

1. Peel onions, potato and carrots, wash and cut into small pieces. Wash tomatoes and cabbage, cut into small pieces and set aside.

2. Cut beef shank into sections, boil with hot to remove blood. Pan-fry beef shank until slight cooked. Add water, ginger and green onion, bring to a boil. Remove foam from the surface, add bay leaves, and boil over low heat for 1 hour.

3. Stir-fry white and brown onions until fragrant, set aside.

4. Remove bay leaves, ginger, green onion from the soup, add onions and cook for 1/2 hour. Add the remaining vegetables and cook for another 1/2 hour. Season with salt before serve.

**◉ 做法 ◉**

1. 白洋葱、黃洋葱、馬鈴薯和紅蘿蔔去皮，洗淨，切細件。番茄和椰菜洗淨，切細件，備用。

2. 牛䐃切段，灼熱去血水，煎至表面略熟，加入水、薑和葱，水沸後去浮沫，然後加入月桂葉，小火燜一個小時。

3. 用少許油炒香白洋葱和黃洋葱，備用。

4. 撈起月桂葉和薑葱，放入已炒香的白洋葱和黃洋葱煮半小時，然後下其他蔬菜，再煮半小時。最後下鹽調味即可。

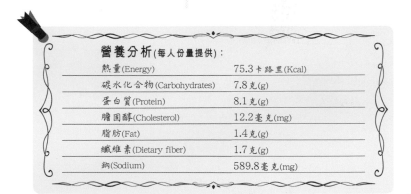

**營養分析** (每人份量提供) ：

| | |
|---|---|
| 熱量 (Energy) | 75.3 卡路里 (Kcal) |
| 碳水化合物 (Carbohydrates) | 7.8 克 (g) |
| 蛋白質 (Protein) | 8.1 克 (g) |
| 膽固醇 (Cholesterol) | 12.2 毫克 (mg) |
| 脂肪 (Fat) | 1.4 克 (g) |
| 纖維素 (Dietary fiber) | 1.7 克 (g) |
| 鈉 (Sodium) | 589.8 毫克 (mg) |

### *Tips from dietitian*  營養師提醒你

Beef shank is lower in fat as compared to beef brisket and beef bones which makes the soup more refreshing. Also, the texture of beef shank is tender, so it can be eaten along with the soup.

牛䐃比牛腩及牛骨含較低脂肪，而且又使湯水清甜美味，口感嫩滑，湯渣當餸一同吃更有益。

## 31 番茄蘿蔔絲魚尾湯
### Tomato, Turnip and Fish Soup

低脂

🍴🍽 **4人份量**
For 4 servings

材料：
大魚尾........................300克
白蘿蔔........................200克
番茄............................1個
薑片............................2片
葱............................1-2條
陳皮絲........................少許
清水........................1公升
橄欖油....................1/2湯匙

調味料：
鹽........................1/2茶匙
糖........................1/2茶匙

Ingredients :
Carp fish tail....................300g
Turnips............................200g
Tomato................................1
Ginger........................2 slices
Green onion............1-2 stalks
Dried tangerine peel (shredded)
........................small amount
Water............................1 liter
Olive oil....................1/2 tbsp

Seasonings:
Salt............................1/2 tsp
Sugar........................1/2 tsp

## Steps

1. Wash and peel turnip, cut into shreds; wash tomato, cut into wedges.

2. Wash fish tail, sprinkle with salt and marinade slightly.

3. Heat oil with non-stick pan, pan fry fish tail on one side, and turn over to pan fry again.

4. Till both sides are being pan fried, add ginger, dried tangerine, then add water until boil, add turnips and tomatoes. Cover lid and simmer for 3 minutes.

5. Add green onions, salt and sugar, stir, cover and simmer for 20-30 minutes, then ready to serve.

## 做法

1. 白蘿蔔洗淨，去皮切絲；番茄洗淨，切角。

2. 魚尾洗淨，兩面灑上鹽略醃。

3. 燒紅易潔鑊，下橄欖油煎香一面魚尾，然後反轉煎另一面。

4. 兩邊煎香後，下薑片、陳皮絲，灒水。水沸後加入白蘿蔔和番茄，蓋上鑊蓋煮約3分鐘。

5. 下葱、鹽和糖，拌勻後蓋上鑊蓋再煮20-30分鐘，即可食用。

**營養分析**(每人份量提供)：

| | |
|---|---|
| 熱量(Energy) | 34.3 卡路里(Kcal) |
| 碳水化合物(Carbohydrates) | 1.5 克(g) |
| 蛋白質(Protein) | 3.6 克(g) |
| 膽固醇(Cholesterol) | 12.4 毫克(mg) |
| 脂肪(Fat) | 1.5 克(g) |
| 纖維素(Dietary fiber) | 0.4 克(g) |
| 鈉(Sodium) | 364.3 毫克(mg) |

## *Tips from dietitian* 營養師提醒你

Tomato can release more antioxidant lycopene after cooking. The anti-oxidative power of lycopene is 3 times more powerful than vitamin C. When pan frying the fish, small amount of olive oil can be added, which can enhance the absorption of the lycopene when cooking together in the soup.

番茄煮熟後能釋放更多抗氧化物番茄紅素（Lycopene），比維他命C的功效強三倍。煎魚時加入少許橄欖油，然後跟湯一起煮，有助番茄紅素的吸收。

## 32 花旗參螺頭煲雞湯

American Ginseng, Conch with Chicken Soup

低脂

## 4人份量
## For 4 servings

材料：

| | |
|---|---|
| 花旗參片 | 20克 |
| 螺頭 | 2-3隻 |
| 鮮雞(去皮) | 1隻 |
| 薑片 | 4片 |
| 葱 | 2條 |
| 酒 | 1/2湯匙 |
| 水 | 10杯 |

### Ingredients :

| | |
|---|---|
| Sliced American ginseng | 20g |
| Whole conch | 2-3 pieces |
| Whole chicken (skin removed) | 1 |
| Ginger | 4 slices |
| Green onions | 2 stalks |
| Chinese wine | 1/2 tbsp |
| Water | 10 cups |

### • Steps •

1. Boil ginger and green onions in a big pot of water, add skinless chicken and blanch for 5 minutes. Rinse with cold water and set aside.

2. Wash sliced American ginseng and conch and set aside.

3. Add all ingredients along with ginger, wine and boil with 10 cups of water for 3 hours.

4. Remove oil and add salt for seasoning, then serve.

### • 做法 •

1. 薑、葱連同半鑊水煲滾，放入已劏和洗淨的去皮雞拖水5分鐘，過凍水冷河。

2. 花旗參片、螺頭略洗，備用。

3. 所有材料連薑、酒及適量水放入煲煮約3小時。

4. 再去油，加鹽調味即可。

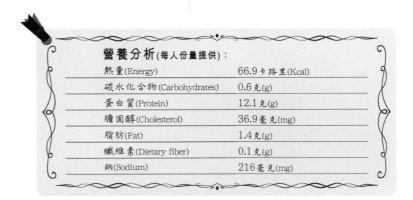

**營養分析**(每人份量提供) :

| | |
|---|---|
| 熱量(Energy) | 66.9卡路里(Kcal) |
| 碳水化合物(Carbohydrates) | 0.6克(g) |
| 蛋白質(Protein) | 12.1克(g) |
| 膽固醇(Cholesterol) | 36.9毫克(mg) |
| 脂肪(Fat) | 1.4克(g) |
| 纖維素(Dietary fiber) | 0.1克(g) |
| 鈉(Sodium) | 216毫克(mg) |

## *Tips from dietitian* 營養師提醒你

Blanch chicken before cooking the soup can help remove excess oil which makes the soup healthier. Conch is a low fat seafood and can be used more as a healthy ingredient.

以鮮雞煲湯，宜先去皮和出水，有助去除油膩，令煲出來的雞湯鮮甜又低脂。螺頭是一種低脂海鮮類，屬健康食材，平日不妨多用。

# 33 老黃瓜煲扁豆赤小豆湯
Chinese Yellow Squash with Chinese Lima Bean and
Rice Bean Soup

**4人份量**
For 4 servings

材料：
老黃瓜.........................1條
扁豆.............................60克
赤小豆..........................60克
豬膉...........................500克
蜜棗.............................2顆
陳皮.............................1瓣
清水...........................10杯

調味料：
鹽.............................適量

**Ingredients :**
Chinese yellow squash..........1
Chinese lima beans..........60g
Rice beans........................60g
Pork tenderloin...............500g
Chinese sweet dates...........2
Dried tangerine............1 piece
Water...........................10 cups

**Seasonings:**
A pinch of salt

## • Steps •

1. Wash squash and cut into pieces. Soak dried tangerine, remove white part inside the rind.

2. Wash tenderloin; boil it with hot water, then cut into pieces. Wash beans and sweet dates and set aside.

3. Add all ingredients into water and cook for 3 hours. Add salt to taste, and then serve.

## • 做法 •

1. 老黃瓜洗淨，切塊備用；陳皮泡軟，刮瓤。

2. 豬膉洗淨，汆水，切塊；扁豆、赤小豆和蜜棗洗淨備用。

3. 煲沸清水，放入全部材料，轉中火煲約3小時，加少許鹽調味即可。

**營養分析**(每人份量提供)：

| | |
|---|---|
| 熱量 (Energy) | 71.3 卡路里 (Kcal) |
| 碳水化合物 (Carbohydrates) | 7.7 克(g) |
| 蛋白質 (Protein) | 8.4 克(g) |
| 膽固醇 (Cholesterol) | 20.3 毫克(mg) |
| 脂肪 (Fat) | 0.7 克(g) |
| 纖維素 (Dietary fiber) | 1.5 克(g) |
| 鈉 (Sodium) | 439.7 毫克(mg) |

## *Tips from dietitian*  營養師提醒你

Lima beans are high in protein, carbohydrate, calcium, iron, phosphorus and fiber. This soup is suitable for the whole family.

扁豆含蛋白質、碳水化合物、鈣、鐵、磷質和纖維素。這款湯適合一家大細日常飲用。

# 34 芒果豆腐布甸
## Mango Tofu Pudding

素食

🍴 **6人份量**
For 6 servings

材料：
滑豆腐..............................560克
脫脂奶..............................200毫升
魚膠粉..............................15克
開水..............................250毫升
砂糖..............................50克
芒果..............................2個
薄荷葉..............................6片

Ingredients :
Soft tofu..........................560g
Skim milk......................200ml
Gelatin powder.................15g
Water.............................250ml
Sugar..............................50g
Mangos................................2
Mint leaves.............................6

## • Steps •

1. Peel and dice mango, set aside.

2. Blend soft tofu, water, skim milk and sugar with a blender until smooth, pour out and sieve to remove solids.

3. Mix gelatin powder with water, boil in a pan until dissolved, and then add into the tofu mixture.

4. Pour the mixture into 6 small cups, refrigerate for 3 hours until completely solidified.

5. Before serving, soak the cup with hot water, pour out the pudding. Put diced mango on top of the pudding, decorate with mint leave then serve.

## • 做法 •

1. 芒果去皮切粒，備用。

2. 滑豆腐、開水、脫脂奶、砂糖放入攪拌機打成豆漿，倒出隔渣。

3. 魚膠粉加入少許凍開水拌勻，傾入小煲中以小火煮溶，然後加入已打好的豆漿。

4. 將溶液注入6個小杯，放入雪櫃冷藏約3小時，直至完全凝固。

5. 進食前，將小杯放進熱水裏略浸，完整地取出布甸。然後把芒果粒鋪在豆腐布甸上，用薄荷葉裝飾即可。

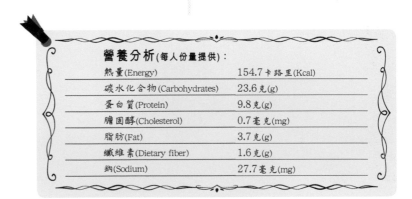

**營養分析**(每人份量提供)：

| | |
|---|---|
| 熱量(Energy) | 154.7 卡路里(Kcal) |
| 碳水化合物(Carbohydrates) | 23.6 克(g) |
| 蛋白質(Protein) | 9.8 克(g) |
| 膽固醇(Cholesterol) | 0.7 毫克(mg) |
| 脂肪(Fat) | 3.7 克(g) |
| 纖維素(Dietary fiber) | 1.6 克(g) |
| 鈉(Sodium) | 27.7 毫克(mg) |

## *Tips from dietitian* 營養師提醒你

Use tofu as a dessert ingredient not only makes the recipes healthy, but also provides calcium and flavonoid from soy beans that help improve bone health, lower cholesterol and prevent cancers. Tofu for steaming or stewing is suitable for this recipe as it can make the texture of the pudding smoother.

用豆腐做甜品既健康，又可以攝取其鈣質、黃豆蛋白及黃酮類等營養素，有助改善骨質，降膽固醇和防癌。布甸可用蒸煮豆腐，做出來的布甸會比較嫩滑。

# 35 雪耳蓮子果凍
## Jelly with White Ear Fungus and Lotus Seeds

低脂 高纖 素食

 4人份量
For 4 servings

材料：
雪耳(乾)..............................20克
蓮子....................................30克
紅棗......................................8顆
杞子......................................5克
冰糖....................................40克
魚膠粉................................15克

工具：
果凍杯4個

Ingredients :
Dried white ear fungus......20g
Lotus seeds........................30g
Red dates...............................8
Wolfberries...........................5g
Rock sugar.........................40g
Gelatin powder...................15g

Utensils :
Jelly cups.............................4

## Steps

1. Soak white ear fungus in water, remove stalks and cut into small pieces.

2. Soak lotus seeds, remove core of lotus seeds. Wash dates, cut into halves and remove seeds. Wash wolfberries, and set aside.

3. Use suitable amount of water, add white ear fungus, lotus seeds, dates, wolfberries and rock sugar and bring to a boil. Turn to low heat and cook for 1 hour.

4. Dissolve gelatin into cold water, stir frequently. Add into the pot and use high heat to bring to a boil, turn off heat.

5. Pour white ear fungus and lotus seeds soup into the jelly cups. Cool in room temperature and refrigerate the jelly until completely set.

## 做法

1. 泡發雪耳後，去蒂撕成小塊。

2. 蓮子泡軟，去芯。紅棗洗淨去核切半。杞子洗淨。

3. 雪耳、蓮子、紅棗、杞子放入煲中，加入冰糖和適量清水用大火煮沸，然後轉小火煮約1小時。

4. 魚膠粉加入少許凍開水，輕輕攪拌至完全溶解，然後加入煲中，用大火煮沸後熄火。

5. 將雪耳蓮子湯注入果凍杯，放涼後放入雪櫃直至凝固。

低脂滋味甜品

35

雪耳蓮子果凍

### 營養分析(每人份量提供)：

| 熱量(Energy) | 87.3卡路里(Kcal) |
|---|---|
| 碳水化合物(Carbohydrates) | 17.7克(g) |
| 蛋白質(Protein) | 4.6克(g) |
| 膽固醇(Cholesterol) | 0.0毫克(mg) |
| 脂肪(Fat) | 0.1克(g) |
| 纖維素(Dietary fiber) | 4.9克(g) |
| 鈉(Sodium) | 66.7毫克(mg) |

## *Tips from dietitian* 營養師提醒你

White ear fungus, lotus seeds, red dates and wolfberries are all high in fiber. Red dates and wolfberries also contain high amount of vitamin A, iron and lutein. Frequent intake can improve skin tone and eye health.

雪耳、蓮子、紅棗、枸杞都含豐富纖維質；紅棗和杞子含維他命A、鐵質和葉黃素，多吃可令面色紅潤和保護眼睛健康。

# 36 酒釀丸子

## Shanghainese Style Glutinous Pearls in JiuNiang Sweet Soup

低脂

素食

🍴🍽 **6人份量**
For 6 servings

材料：

糯米粉.........................60克
生粉.............................60克
酒釀.............................4湯匙
桂花糖..........................1湯匙
冰糖.............................20克
清水.............................1公升

**Ingredients :**

Glutinous rice flour...........60g
Corn flour.........................60g
JiuNiang........................4 tbsp
Osmanthus flower sugar........
.................................3/4 tbsp
Rock sugar.......................20g
Water................................1 L

## Steps

1. Mix glutinous flour and corn flour together, add 3/4 cup water and mix into dough. Make individual pearl as a size of marble.

2. Cook glutinous pearls in hot water until they float, drain and set aside.

3. Boil 1 liter of water, add rock sugar until dissolve, add JiuNiang, Osmanthus flower sugar and glutinous pearl and bring to a boil again. Ready to serve.

## 做法

1. 糯米粉和生粉拌勻，加入3/4杯清水，搓成如波子般的小粒。

2. 將小粉糰倒入沸水中，煮至浮起，撈起備用。

3. 煮沸1公升清水，加入冰糖煮溶，加酒釀和桂花糖，最後加入已煮熟的小粉糰，即可食用。

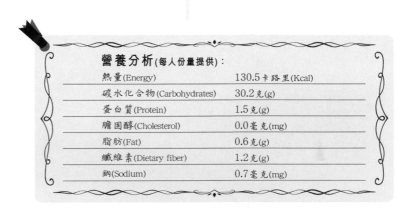

**營養分析**(每人份量提供)：

| | |
|---|---|
| 熱量(Energy) | 130.5卡路里(Kcal) |
| 碳水化合物(Carbohydrates) | 30.2克(g) |
| 蛋白質(Protein) | 1.5克(g) |
| 膽固醇(Cholesterol) | 0.0毫克(mg) |
| 脂肪(Fat) | 0.6克(g) |
| 纖維素(Dietary fiber) | 1.2克(g) |
| 鈉(Sodium) | 0.7毫克(mg) |

## *Tips from dietitian*　營養師提醒你

Many Shanghainese style deserts such as pan fried red bean paste pancakes and deep fried red bean donuts are very high in fat. Glutinous pearl in JiuNiang sweet soup, however uses only low fat ingredients. One bowl has 130.5 calories and 0.6g fat only.

許多上海式甜品，如豆沙鍋餅和高力豆沙等，都會令減肥人士卻步。酒釀丸子就不相同，其材料全屬低脂肪，一碗只含130.5卡路里和0.6克脂肪。

# 37 蜜香士多啤梨香蕉奶昔
## Honey Strawberry Banana Milkshake

低脂
 素食

🍽 **2人份量**
For 2 servings

材料：
脫脂奶..........................1.5杯
香蕉.............................1隻
士多啤梨......................10粒
蜜糖.............................2茶匙

Ingredients :
Skim milk....................1.5cups
Banana.................................1
Strawberries.........................10
Honey.............................2 tsp

 低脂滋味甜品

37

蜜香士多啤梨香蕉奶昔

**● Steps ●**

1. Peel and cut banana into pieces. Wash strawberries and cut them into halves. Set aside.

2. Put all ingredients into a blender and blend until smooth. Ready to serve.

**● 做法 ●**

1. 香蕉去皮切件；士多啤梨洗淨切半，備用。

2. 將所有材料放入攪拌機打成奶昔便成。

營養分析(每人份量提供)：

| | |
|---|---|
| 熱量(Energy) | 155.5 卡路里(Kcal) |
| 碳水化合物(Carbohydrates) | 33 克(g) |
| 蛋白質(Protein) | 7.3 克(g) |
| 膽固醇(Cholesterol) | 3.5 毫克(mg) |
| 脂肪(Fat) | 0.5 克(g) |
| 纖維素(Dietary fiber) | 2.8 克(g) |
| 鈉(Sodium) | 78.5 毫克(mg) |

## *Tips from dietitian*　營養師提醒你

If you want to make the milkshake more flavorful, you can add ice cubes to increase the texture. The flavors of the milk shake can be varied, for example you can use blueberries, cherries or peach to mix with bananas. This can increase the variety while adding different vitamins and minerals.

想奶昔更加好味，可加入適量冰粒來增加口感。奶昔的味道可隨意調配，例如以藍莓、車厘子、桃等來配合香蕉，既多元化，又可攝取不同維他命和礦物質。

# 38 焗香蕉榛子卷
## Baked Banana and Hazelnut Roll

素食

🍴 **8人份量**
For 8 servings

材料：
春卷皮.............................8片
香蕉.................................2條
榛子朱古力醬.............4茶匙
檸檬(榨汁).................1/2個
蛋汁、橄欖油.............少許
糖粉.............................適量

**Ingredients :**
Spring roll sheets........................8
Bananas.............................................2
Nutella hazelnut paste......4 tsp
Lemon(juiced)..........................1/2
Egg wash, olive oil and icing sugar................small amount

## Steps

1. Pre-heat oven to 180°C.

2. Cut banana into 8 small pieces, add lemon juice to mix.

3. Wrap one piece of banana using the spring roll sheet; add 1/2 tsp of hazelnut paste, roll up to make spring roll shape, and seal with egg wash. Brush the surface of the banana roll with egg wash and olive oil.

4. Brush baking pan with olive oil. Lay banana rolls onto the baking pan. Bake for 20 minutes until golden brown on one side, and turn and bake the other side until golden brown as well.

5. Remove banana rolls from the baking pan, sprinkle with icing sugar, then serve.

## 做法

1. 預熱焗爐至攝氏180度。

2. 香蕉切成8份加入檸檬汁。

3. 把香蕉包入春卷皮內，加入半茶匙榛子朱古力醬，捲成春卷形，用蛋汁埋口。表面均勻掃上蛋汁和橄欖油。

4. 焗盤掃上橄欖油，排上香蕉卷。放入焗爐焗約20分鐘。在焗至金黃色時反轉，將另一邊也焗至金黃色。

5. 取出香蕉卷，灑上少許糖粉即可食用。

**38**

焗香蕉榛子卷

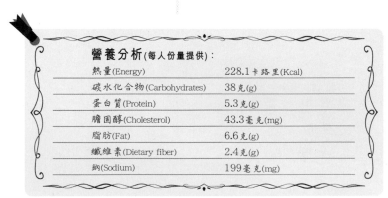

**營養分析**(每人份量提供)：

| | |
|---|---|
| 熱量(Energy) | 228.1卡路里(Kcal) |
| 碳水化合物(Carbohydrates) | 38克(g) |
| 蛋白質(Protein) | 5.3克(g) |
| 膽固醇(Cholesterol) | 43.3毫克(mg) |
| 脂肪(Fat) | 6.6克(g) |
| 纖維素(Dietary fiber) | 2.4克(g) |
| 鈉(Sodium) | 199毫克(mg) |

## *Tips from dietitian*　營養師提醒你

It's a myth that bananas are high in calories and fat. In fact, one banana only has 105 calories and 0.5g fat and it is high in fiber and potassium, similar to an apple. People who try to lose weight do not need to avoid bananas.

　　坊間多將香蕉當作高卡路里和脂肪的食物，事實上，一隻中型香蕉只含105卡路里和0.5克脂肪，且含高纖維和鉀質。跟吃一個大蘋果沒有大分別，所以減肥人士不必避免進食香蕉。

# 39 栗子茸糯米糍

## Chestnut Glutinous Rice Ball

**4個**
4 rice balls

材料：
糯米粉.............................80克
生粉.................................30克
砂糖.................................30克
清水.............................150毫升
即食(淡味／甜味)栗子茸..........
....................................100克

Ingredients :
Glutinous rice flour.............80g
Corn flour..........................30g
Granulated sugar...............30g
Water..............................150ml
Ready-to-eat chestnut puree
(unsweetened/sweetened)..
......................................100g

## Steps

1. Mix glutinous rice flour, corn flour, sugar and water together, then steam for 15 minutes, remove, cool down and set aside.

2. Divide chestnut puree into 4 equal portions, roll into a ball shape, approximate with a 1/2 inch diameter.

3. Wear plastic glove, cover gloves with a little bit of corn flour. Take about 50g of the cooked dough, wrap a chestnut ball into the dough, and roll into a ball shape, then ready to serve.

## 做法

1. 混合糯米粉、生粉、糖和清水，攪拌完全混和，然後用中火隔水蒸15分鐘後取出，待涼備用。

2. 栗子茸分成4份，搓成粒狀，每粒約1/2吋直徑。

3. 戴上膠手套，拍上少許生粉。約每50克麵糰便包入一粒栗子茸，搓成球狀，即成。

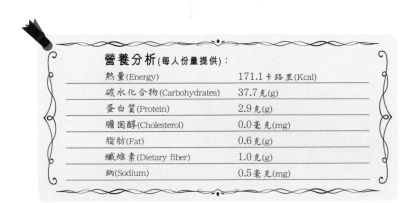

| 營養分析(每人份量提供)： | |
|---|---|
| 熱量(Energy) | 171.1卡路里(Kcal) |
| 碳水化合物(Carbohydrates) | 37.7克(g) |
| 蛋白質(Protein) | 2.9克(g) |
| 膽固醇(Cholesterol) | 0.0毫克(mg) |
| 脂肪(Fat) | 0.6克(g) |
| 纖維素(Dietary fiber) | 1.0克(g) |
| 鈉(Sodium) | 0.5毫克(mg) |

## *Tips from dietitian* 營養師提醒你

Chestnut puree is lower in fat as compared to sesame puree and lotus seed. Ready-to-eat chestnut puree can be bought in big supermarket. Besides chestnut puree, one can also use red bean or green bean paste, low fat custard or fresh fruit as fillings to make different flavors of glutinous rice balls.

栗子茸的油份較一般糯米糍用的餡料(如麻茸、蓮茸等)為低。即食栗子茸在大型超市有售。除栗子茸外，也可嘗試用紅豆綠豆茸、低脂吉士打或水果做餡料，製作不同味道的糯米糍。

# 40 低脂藍莓乳酪雪條
## Low-fat Blueberry Yogurt Ice Popsicles

低脂　素食

**4條份量**
4 popsicles

材料：
新鮮或急凍藍莓......................1杯
砂糖.............................3湯匙
水.............................1/4杯
脫脂原味希臘式乳酪..500毫升

工具：
雪條模(可製4條雪條)

Ingredients :

Frozen or fresh blueberries.....
.....................................1 cup
Sugar............................3 tbsp
Water............................1/4 cup
Skim plain Greek yogurt........
.....................................500ml

Utensils :

Popsicle mold
(which can make 4 popsicles)

## Steps

1. Add 1/4 cup of water into a pot, add sugar and blueberries. Bring to a boil and cook for 4-5 minutes.

2. Remove blueberries, and mash with a fork.

3. Pour the syrup into a big bowl, cool down and add the blueberry mash and yogurt mix well.

4. Pour (3) into the popsicle mold, freeze for at least 4 hours. Remove popsicle from the mold before serve.

## 做法

1. 1/4杯水倒進煲裏，加入糖和藍莓，煮至起泡後，再煮約4至5分鐘。

2. 取出藍莓，用叉子壓成藍莓茸。

3. 剩下的糖漿倒入大碗，放涼後加入藍莓茸和乳酪拌勻。

4. 將(3)倒入雪條模內，冷藏最少4小時，食用時取走雪條模即可。

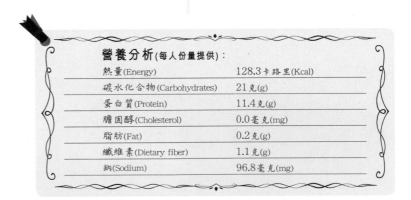

營養分析(每人份量提供)：

|  |  |
|---|---|
| 熱量(Energy) | 128.3卡路里(Kcal) |
| 碳水化合物(Carbohydrates) | 21克(g) |
| 蛋白質(Protein) | 11.4克(g) |
| 膽固醇(Cholesterol) | 0.0毫克(mg) |
| 脂肪(Fat) | 0.2克(g) |
| 纖維素(Dietary fiber) | 1.1克(g) |
| 鈉(Sodium) | 96.8毫克(mg) |

## *Tips from dietitian*　營養師提醒你

Plain skim plain yogurt can be bought from big supermarket. Greek yogurt has a smoother texture compared to regular yogurt. You can add fruits or artificial sweetener into the Greek yogurt to make a dessert after meal to satisfy your sweet tooth.

脫脂原味希臘式乳酪在大型西式超市有售。希臘式乳酪較其他乳酪香滑，可隨意加入鮮果或代糖作小食或飯後甜品，滿足吃甜食的慾望。

# 41 意式陳醋草莓新地

## Strawberries in Balsamic Vinegar Sundae

**4人份量**
For 4 servings

材料：

士多啤梨..............................450克
黃糖......................................2湯匙
意大利陳醋..........................2湯匙
低脂原味乳酪....................200克
薄荷葉........................................8片

Ingredients :

Strawberries...................450g
Brown sugar.................2 tbsp
Balsamic vinegar..........2 tbsp
Low fat plain yogurt........200g
Mint leaves.............................8

## Steps

1. Wash strawberries, drain, remove top and cut into wedges.

2. Mix brown sugar and strawberries together, wait for 10-15 minutes, then add balsamic vinegar and mix well. Refrigerate for 1 hour.

3. Divide strawberries evenly to 4 portions. Place strawberries into a tall glass, add 2 tbsp of yogurt on top, and decorate with mint leaves.

## 做法

1. 洗淨士多啤梨，瀝乾水份，然後去頭，切小塊。

2. 拌勻黃糖和士多啤梨，待約10至15分鐘後，再加意大利陳醋撈勻，然後放入雪櫃冷藏約1小時。

3. 士多啤梨分成4份。食用時，用高身杯盛一份士多啤梨，加入2湯匙原味乳酪，放上2片薄荷葉作裝飾即成。

**營養分析**(每人份量提供)：

|  | |
|---|---|
| 熱量(Energy) | 100.8卡路里(Kcal) |
| 碳水化合物(Carbohydrates) | 20.3克(g) |
| 蛋白質(Protein) | 3.4克(g) |
| 膽固醇(Cholesterol) | 3.0毫克(mg) |
| 脂肪(Fat) | 1.1克(g) |
| 纖維素(Dietary fiber) | 2.3克(g) |
| 鈉(Sodium) | 39.8毫克(mg) |

## *Tips from dietitian*　營養師提醒你

Balsamic vinegar brings out the flavor of strawberries; serving along with low fat yogurt makes it taste like strawberry ice cream. If you want a stronger flavor, you can soak the strawberries for a longer period of time.

意大利陳醋能帶出士多啤梨的鮮香味，配合原味乳酪一同吃跟吃士多啤梨雪糕無異，且健康得多，若把士多啤梨跟醋浸久一點，味道會更濃。

## 42 纖纖楊枝柑露
### Skinny Mango Pomelo Sago Dessert

素良

**6人份量**
For 6 servings

材料：

| | |
|---|---|
| 西米(乾) | 80克 |
| 芒果 | 3個 |
| 椰纖果 | 1罐 |
| 罐頭蜜柑 | 100克 |
| 沙田柚或西施柚 | 半個 |
| 脫脂奶 | 250毫升 |
| 冰糖 | 50克 |
| 清水 | 600毫升 |

**Ingredients :**

| | |
|---|---|
| Sago(dried) | 80g |
| Mangos | 3 |
| Nata | 1 can |
| Canned mandarin | 100g |
| Pomelo | 1/2 |
| Skim milk | 250ml |
| Rock sugar | 50g |
| Water | 600ml |

## Steps

1. Cook sago with boiling water for 10 minutes. Turn off heat and cover for 20 minutes until sago turns transparent. Rinse with cold water and set aside.

2. Peel pomelo and take out the flesh. Peel and dice mango. Drain Nata and mandarin and set aside.

3. Boil 600ml water, dissolve rock sugar and then cool down.

4. Puree 1/3 diced mango with small amount of skim milk in a blender, then add rest of the milk and blend again.

5. Add diced mango, pomelo, Nata, mandarin, sago and rock sugar water together with (4), refrigerate for 1-2 hours. Ready to serve.

## 做法

1. 西米放入沸水中煮10分鐘，熄火焗20分鐘或至完全透明，然後過冷河備用。

2. 柚子去皮拆肉，芒果去皮切粒，蜜柑和椰纖果隔去糖水，備用。

3. 煲沸600毫升清水，放入冰糖，煮溶後放涼。

4. 1/3份芒果粒加少許脫脂奶，用攪拌機打成芒果茸，然後加入剩餘脫脂奶拌勻。

5. 將(4)、芒果粒、柚肉、椰纖果、蜜柑、西米和冰糖水拌勻，放進雪櫃冷藏1至2小時後，即可食用。

**營養分析**(每人份量提供)：

| | |
|---|---|
| 熱量(Energy) | 210.5卡路里(Kcal) |
| 碳水化合物(Carbohydrates) | 51.9克(g) |
| 蛋白質(Protein) | 2.6克(g) |
| 膽固醇(Cholesterol) | 0.0毫克(mg) |
| 脂肪(Fat) | 3.8克(g) |
| 纖維素(Dietary fiber) | 2.5克(g) |
| 鈉(Sodium) | 24.7毫克(mg) |

## *Tips from dietitian* 營養師提醒你

Most of the mango pomelo sago dessert sold at restaurants uses evaporated milk or coconut milk as ingredients. One bowl has 7.8g fat. If we change the evaporated milk and coconut milk to skim milk, the fat content can be reduced while increasing calcium content.

坊間的楊枝甘露多用花奶或椰汁製成，每一中碗所含的脂肪達7.8克。如果用脫脂奶代替花奶或椰汁，便可以減低脂肪兼增加鈣質含量。

# 43 爽滑南瓜粟米露

## Creamy Pumpkin Dessert with Corn and Water Chestnut

素食

## 4人份量
For 4 servings

材料：

| | |
|---|---|
| 日本南瓜 | 500克 |
| 粟米粒 | 1杯 |
| 馬蹄 | 8至10顆 |
| 冰糖 | 15克 |
| 低脂奶 | 3杯 |
| 清水 | 適量 |

Ingredients :

| | |
|---|---|
| Japanese pumpkin | 500g |
| Corn kernel | 1 cup |
| Water chestnuts | 8-10 |
| Rock sugar | 15g |
| Low fat milk | 3 cups |
| Water | suitable amount |

## • Steps •

1. Peel and wash pumpkin and cut into pieces. Cook pumpkin in boiling water for 15 to 20 minutes until soft. Remove pumpkin and mash it with a fork.

2. Peel and dice water chestnuts, set aside.

3. Heat skim milk in a pot, add mashed pumpkin and cook into creamy texture. Add corn kernel and diced water chestnuts and bring to a boil again. Add sugar to taste then serve.

## • 做法 •

1. 南瓜洗淨，去皮切塊，放入熱水中，煮至南瓜腍身(約15至20分鐘)，然後取出南瓜，趁熱用叉壓成茸。

2. 馬蹄去皮、切粒，備用。

3. 小火煲熱低脂奶，加入南瓜茸，煮成糊狀後加入粟米和馬蹄粒，煮沸後放冰糖調味即成。

營養分析(每人份量提供)：

| | |
|---|---|
| 熱量(Energy) | 208.3 卡路里(Kcal) |
| 碳水化合物(Carbohydrates) | 35 克(g) |
| 蛋白質(Protein) | 10.2 克(g) |
| 膽固醇(Cholesterol) | 14.8 毫克(mg) |
| 脂肪(Fat) | 4.1 克(g) |
| 纖維素(Dietary fiber) | 1.9 克(g) |
| 鈉(Sodium) | 140.4 毫克(mg) |

## *Tips from dietitian* 營養師提醒你

Pumpkin and corn are high in beta-carotene, vitamin C and fiber. It's more nutritious than other Chinese desserts. Beta-carotene and vitamin C can boost immunity and fiber can relieve constipation.

南瓜和粟米含豐富胡蘿蔔素、維他命C和纖維，營養比一般中式糖水豐富。胡蘿蔔素和維他命C有助增強抵抗力，纖維能幫助紓緩便秘。

## 44 香茅薑茶
### Lemon Grass and Ginger Tea

**4人份量**
For 4 servings

材料：
新鮮香茅.................................2-3支
薑.............................................4-6片
片糖..........................................1片
清水..........................................5杯

**Ingredients :**
Fresh lemon grass...2-3 stalks
Ginger.......................4-6 slices
Cane sugar...................1 piece
Water.............................5 cups

## Steps

1. Crush ginger.

2. Wash, section and crush lemon grass.

3. Bring water to a boil. Add all ingredients and boil for 15 minutes. Sieve and ready to serve.

## 做法

1. 將薑拍扁。

2. 香茅洗乾淨，切段，用刀背拍扁。

3. 水煮沸後加入所有材料，煲15分鐘，隔渣後即可飲用。

**營養分析**(每人份量提供)：

| | |
|---|---|
| 熱量(Energy) | 62.3卡路里(Kcal) |
| 碳水化合物(Carbohydrates) | 15.9克(g) |
| 蛋白質(Protein) | 0.3克(g) |
| 膽固醇(Cholesterol) | 0.0毫克(mg) |
| 脂肪(Fat) | 0.1克(g) |
| 纖維素(Dietary fiber) | 0.1克(g) |
| 鈉(Sodium) | 0.8毫克(mg) |

## *Tips from dietitian*　營養師提醒你

The taste of lemon grass and ginger tea is very refreshing and can be served hot or cold. It is much healthier than many high sugar soft drinks. Lemon grass is available in wet market or Thai supermarket.

香茅薑茶味道清新，無論冷熱飲用均宜，相比汽水等高糖份飲料，實在有益得多。新鮮香茅在街市或泰國雜貨店有售。

# 45 粟米鬚生熟薏米水

## Corn Stigma with Barley Drink

**4人份量**
For 4 servings

材料：
粟米鬚.......................100克
生熟薏米...................各30克
糖冬瓜.......................4至5件
清水...........................2公升

Ingredients :
Corn stigma.....................100g
Barley..............................30g
Toasted barley...................30g
Sweetened dried winter melon
..............................4-5 pieces
Water.............................2L

## Steps

1. Wash all ingredients.

2. Bring water to a boil, add corn stigma and barley. Boil for 30 minutes and turn to low heat and boil for another 1.5 hours.

3. Add sweetened dried winter melon and boil for 10-15 minutes, then serve.

## 做法

1. 所有材料洗淨。

2. 清水煮沸，放入粟米鬚和生熟薏米，大火沸30分鐘後，轉慢火煲約一個半小時。

3. 加糖冬瓜再煮10至15分鐘即成。

營養分析(每人份量提供)：

| 熱量(Energy) | 69卡路里(Kcal) |
|---|---|
| 碳水化合物(Carbohydrates) | 15.8克(g) |
| 蛋白質(Protein) | 1.5克(g) |
| 膽固醇(Cholesterol) | 0.0毫克(mg) |
| 脂肪(Fat) | 0.2克(g) |
| 纖維素(Dietary fiber) | 2.4克(g) |
| 鈉(Sodium) | 6.5毫克(mg) |

## *Tips from dietitian*　營養師提醒你

One should drink more water during weight loss which includes water, tea and soup. It helps replenish water loss during exercise and maintain metabolism. One should avoid drinking sweetened drinks such as soft drinks, tetra-pack or bottled sweetened drinks and sweetened drinks in restaurants. If water and tea are too bland, you can try drinking this barley drink.

　減肥期間宜多喝低脂低熱量的飲料，例如清水、清茶或湯水，有助補充運動時流失的水份，並保持新陳代謝。同時，要避免喝一些含高糖份飲品，例如汽水、盒裝或樽裝甜飲、茶餐廳飲料等。若清水、清茶太淡而無味，不妨試試薏米水。

# 46 香草番茄醬伴全麥脆餅
## Salsa Sauce with Whole-wheat Crackers

素食

🍴🍽 **4人份量**
For 4 servings

材料：
番茄.............................2個
鮮羅勒..........................1束
蒜頭..........................2-3瓣
初榨橄欖油....................1湯匙
各式高纖麥餅.................8-10塊

調味料：
鹽.............................適量
黑胡椒粒.......................適量

**Ingredients :**
Tomatoes...............................2
Fresh basil..................1 bunch
Garlic......................2-3 gloves
Extra virgin olive oil.......1 tbsp
Whole-wheat crackers............
..........................8-10 pieces

**Seasonings :**
Pinch of salt and black pepper

## Steps

1. Peel and dice tomatoes; wash and cut basil into small pieces; mince garlic and set aside.

2. Mix tomatoes, garlic and basil with olive oil together in a big bowl, add salt and pepper to taste.

3. Serve with whole wheat crackers.

## 做法

1. 番茄去皮切粒，羅勒葉洗淨切碎，蒜頭切茸，備用。

2. 番茄粒和羅勒葉碎放入一個大碗中，淋上橄欖油，灑上適量海鹽和黑胡椒碎拌勻。

3. 配合高纖麥餅一同吃即可。

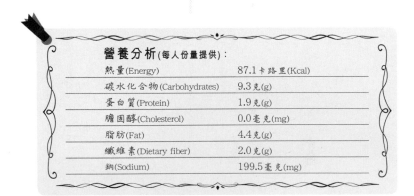

**營養分析**(每人份量提供)：

| | |
|---|---|
| 熱量(Energy) | 87.1卡路里(Kcal) |
| 碳水化合物(Carbohydrates) | 9.3克(g) |
| 蛋白質(Protein) | 1.9克(g) |
| 膽固醇(Cholesterol) | 0.0毫克(mg) |
| 脂肪(Fat) | 4.4克(g) |
| 纖維素(Dietary fiber) | 2.0克(g) |
| 鈉(Sodium) | 199.5毫克(mg) |

## *Tips from dietitian* 營養師提醒你

Eating adequate amount of healthy oil can help delay hunger while making the food more palatable. Extra virgin olive oil contains high content of monounsaturated fat and antioxidants which benefit heart health. Besides whole-wheat biscuits, you can also use French bread for this recipe.

吃適量健康油類有助延緩飽肚感，且可以令食物味道更佳。初榨橄欖油含豐富單元不飽和脂肪和抗氧化物，有益心臟健康。除全麥餅外，此醬亦可配法式麵包一同吃。

# 47 低脂意式黑糖曲奇
Low-fat Italian Dark Brown Sugar Biscotti

素食

🍴 **6人份量**
For 6 servings

材料：

| | |
|---|---|
| 低筋麵粉 | 160克 |
| 黑糖(紅糖) | 70克 |
| 雞蛋 | 2隻(中) |
| 泡打粉 | 2茶匙 |
| 核桃仁或杏仁 | 40克 |
| 葡萄乾 | 40克 |

**Ingredients :**

| | |
|---|---|
| Cake flour | 160g |
| Dark brown sugar | 70g |
| Medium eggs | 2 |
| Bicarbonate | 2 tsp |
| Walnut or almonds | 40g |
| Raisins | 40g |

## Steps

1. Roast walnuts or almonds in oven until fragrant or use a dry wok to toast it until fragrant, set aside.

2. Preheat oven to 180°C.

3. Mix dark brown sugar and egg thoroughly.

4. Add in sifted cake flour, bicarbonate, walnuts and almonds, mix and make into dough.

5. Divide into 2 equal portions, and make into a narrow rectangular shape (about 3 - 4 inches wide), bake in oven for 20 minutes.

6. Remove after baking and cool for a while. Cut the dough into pieces when it is still warm (about 1 - 1.5cm thick).

7. Return cut dough back to the oven and bake at 160°C for 15 minutes. Ready to serve.

**Remarks:**
The dough will be quite sticky which is not easy to handle. You can wrap the dough with a baking sheet or aluminum foil which has been sprinkled with flour and cover your hands with flour before you handle the dough. Don't forget to brush away extra flour on top of the dough before baking.

## 做法

1. 核桃仁或杏仁用焗爐焗香，或用白鑊以小火炒香，備用。

2. 焗爐預熱至攝氏180度。

3. 黑糖和雞蛋攪打均勻。

4. 加入已過篩的低筋麵粉、泡打粉、核桃仁或杏仁，混合拌勻成麵糰。

5. 將麵糰平均分成兩份，搓成長條狀(直徑約3-4吋)，放入焗爐焗約20分鐘。

6. 取出麵糰放涼，在微溫時切約1至1 1/2厘米厚片。

7. 將厚片放入焗爐以攝氏160度再焗約15分鐘即成。

備註：
拌好的麵糰很黏，不好整型。可以將麵糰倒在灑了麵粉的牛油紙或錫紙上，雙手也沾點麵粉，然後才整理麵糰。整型後，記得刷去多餘的麵粉才放上烤盤。

**營養分析**(每人份量提供)：

| | |
|---|---|
| 熱量(Energy) | 169.1卡路里(Kcal) |
| 碳水化合物(Carbohydrates) | 28.8克(g) |
| 蛋白質(Protein) | 3.9克(g) |
| 膽固醇(Cholesterol) | 46.5毫克(mg) |
| 脂肪(Fat) | 4.5克(g) |
| 纖維素(Dietary fiber) | 0.9克(g) |
| 鈉(Sodium) | 18.9毫克(mg) |

## *Tips from dietitian*  營養師提醒你

Using high fiber ingredients such as dried fruits and almonds is healthier than chocolate or butter cookie. Italians usually soak biscotti into coffee when enjoying it. If you don't like coffee, you can serve with tea or skim milk.

乾果和果仁全屬高纖食材，用來做曲奇，比朱古力或牛油曲奇健康得多。意大利人吃這款曲奇時，喜歡以咖啡浸軟才吃，不愛咖啡者可改配茶或低脂奶。

# 48 香脆雞柳
## Crispy Chicken Fingers

**4人份量**
For 4 servings

材料：
去皮雞柳.........................300克
粟米片...............................2杯
蛋白...................................1隻

醃料：
雞粉.............................1.5茶匙
黑胡椒粉......................1/4茶匙

醬汁：
泰式甜辣醬....................適量
番茄醬..............................適量

**Ingredients :**
Skinless chicken fillet......300g
Cornflakes....................2 cups
Egg white...............................1

**Marinade :**
Chicken powder.............1.5 tsp
Black pepper.................1/4 tsp

**Dipping sauce :**
Thai sweet spicy sauce............
.........................Small amount
Ketchup..............Small amount

## Steps

1. Preheat oven to 220°C.

2. Cut chicken filet into strips of 1.5 cm wide, marinate for 20 minutes.

3. Whisk egg white and set aside.

4. Cover both sides of chicken fillet with egg white wash, then with cornflakes. Light press to make cornflakes stick to the fillet. Place chicken fillet on a baking dish layered with baking sheet.

5. Bake chicken fillet for 15 minutes until golden brown. Turn over the fillet during baking.

6. Serve with Thai sweet and spicy sauce or ketchup.

## 做法

1. 焗爐預熱至攝氏220度。

2. 將雞柳切成約1.5厘米闊粗條，然後用醃料醃20分鐘。

3. 蛋白打散備用。

4. 雞柳兩邊沾上蛋白汁，然後黏上壓碎粟米片，輕輕施力壓實，然後放在已鋪上牛油紙的焗盤裏。

5. 雞柳焗約15分鐘至金黃色或熟透，期間需反一下雞柳。

6. 進食時，可沾少許泰式甜辣醬或番茄醬。

### 營養分析(每人份量提供)：

| | |
|---|---|
| 熱量(Energy) | 153卡路里(Kcal) |
| 碳水化合物(Carbohydrates) | 15.2克(g) |
| 蛋白質(Protein) | 18.1克(g) |
| 膽固醇(Cholesterol) | 48毫克(mg) |
| 脂肪(Fat) | 2.2克(g) |
| 纖維素(Dietary fiber) | 0.4克(g) |
| 鈉(Sodium) | 466.8毫克(mg) |

## *Tips from dietitian* 營養師提醒你

Baking is healthier than pan frying or deep frying. It is suggested that one should have low fat cooking appliances ready at home such as small oven, non-stick pan, oil-removal soup pot, vacuum cooking pot or electrical steamer in order to assist daily cooking.

烤焗比煎炸健康得多！建議在家裏準備一些低脂烹調的工具，例如小型焗爐、易潔鑊、隔油湯壺、真空煲和電蒸籠等。

# 49 蒜泥拍青瓜

## Cold Crispy Cucumbers with Garlic

低脂　素食

🍽 **4人份量**
For 4 servings

材料：

| | |
|---|---|
| 日本小青瓜 | 4-5條 |
| 蒜茸 | 2湯匙 |
| 鹽 | 1/2茶匙 |
| 糖 | 1/2茶匙 |
| 麻油 | 1/2湯匙 |
| 橄欖油 | 1/2湯匙 |

Ingredients :

| | |
|---|---|
| Japanese cucumbers | 4-5 |
| Minced garlic | 2 tbsp |
| Salt | 1/2 tsp |
| Sugar | 1/2 tsp |
| Sesame oil | 1/2 tbsp |
| Olive oil | 1/2 tbsp |

## ● Steps ●

1. Remove both ends of the cucumbers, cut into 2 inches stalks.

2. Use knife to pound cucumber slightly until breaking into pieces. Add salt, sugar to mix with cucumbers.

3. Heat wok, add 1/2 tbsp olive oil and minced garlic, stir fry garlic slightly until cooked.

4. Add (3) into cucumbers and mix thoroughly. Refrigerate for 3 - 4 hours. Drizzle with sesame oil before serve.

## ● 做法 ●

1. 青瓜洗淨去頭尾，切成約2吋長一段。

2. 用刀輕輕拍扁做成小塊，加鹽、糖與青瓜拌勻。

3. 中火燒熱易潔鑊，轉慢火，下半湯匙橄欖油和蒜茸，炒熟蒜茸，備用。

4. 蒜茸加入青瓜拌勻，於雪櫃儲存最少3-4小時，吃時加入麻油即可。

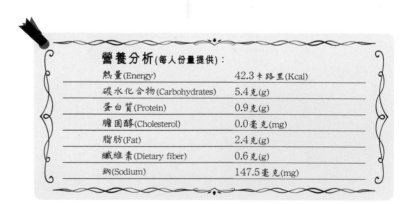

**營養分析**(每人份量提供)：

| | |
|---|---|
| 熱量(Energy) | 42.3 卡路里(Kcal) |
| 碳水化合物(Carbohydrates) | 5.4克(g) |
| 蛋白質(Protein) | 0.9克(g) |
| 膽固醇(Cholesterol) | 0.0毫克(mg) |
| 脂肪(Fat) | 2.4克(g) |
| 纖維素(Dietary fiber) | 0.6克(g) |
| 鈉(Sodium) | 147.5毫克(mg) |

## *Tips from dietitian* 營養師提醒你

Japanese cucumbers have a light sweetness in character. If you cannot get Japanese cucumber, use regular cucumbers as substitution. You can also serve this dish with Chinese dark vinegar (Chunkiang Vinegar) to make it tastier.

日本小青瓜較一般青瓜清甜，如果買不到，可用溫室青瓜或普通青瓜代替。吃時可加少許鎮江醋，會更加美味。

# 50 紅豆砵仔糕
## Red Bean Bowl Pudding

低脂　素食

🍴🍽 **8人份量**
**For 8 servings**

材料：
粘米粉.............................80克
澄麵粉.............................70克
片糖..............................100克
開水............................1¼公升
紅豆..............................30克

用具：
小碗.............................6-8隻
油掃..............................1把

Ingredients :
Rice flour............................80g
Wheat starch.....................70g
Cane sugar.......................100g
Water...............................1¼L
Red beans.........................30g

Utensils :
Small bowls......................6-8
Oil brush.............................1

## • Steps •

1. Wash red beans, cook with 600ml boiling water until spitted. Turn off heat and cover for 1/2 hour.

2. Drain red beans, keep red bean liquid and set aside.

3. Mix rice flour and wheat starch together with 250ml water into creamy texture.

4. Dissolve cane sugar into 400ml of red bean liquid over medium heat. Remove from heat and add flour mixture immediately into the liquid. Stir frequently when mixing until completely mixed.

5. Slightly brush small bowls with oil, pour in the mixture until 80% full, then add 1tbsp of red beans.

6. Steam (5) on a steamer over high heat for 15 minutes. Remove, cool down. Use bamboo stick or fork to remove from bowl, and serve.

## 做法

1. 紅豆洗淨，用600毫升沸水煮約45分鐘至爆口，立刻熄火蓋上煲蓋，焗1/2小時。

2. 隔起紅豆，留煮紅豆水備用。

3. 粘米粉、澄麵粉拌入250毫升水，拌勻成粉漿。

4. 400毫升紅豆水加入片糖，煮至完全溶化，離火後立即一邊攪拌，一邊加入粉漿，並攪拌至兩者完全混合。

5. 小碗內壁均勻塗上生油，注入粉漿至八分滿，加入1湯匙紅豆。

6. 將(5)排放在蒸鍋內，以大火蒸約15分鐘，然後取出待涼。用竹籤或叉子挑起即可食用。

**營養分析**(每人份量提供)：

| 熱量 (Energy) | 115.9 卡路里 (Kcal) |
|---|---|
| 碳水化合物 (Carbohydrates) | 29.3 克(g) |
| 蛋白質 (Protein) | 2.3 克(g) |
| 膽固醇 (Cholesterol) | 0.0 毫克(mg) |
| 脂肪 (Fat) | 0.2 克(g) |
| 纖維素 (Dietary fiber) | 1.0 克(g) |
| 鈉 (Sodium) | 3.9 毫克(mg) |

## *Tips from dietitian*　營養師提醒你

Red bean bowl pudding is a traditional Chinese snack with very little oil. It's suitable to eat as a healthy snack or dessert. You can adjust the amount of sugar added according to your taste. The tip for cooking perfect red beans is to cook them over high heat for 40 to 45 minutes. When the red bean spitt, cover the lid for 30 minutes. The red bean will remain as whole bean with a soft texture inside.

　砵仔糕是中國人傳統小食，油份極少，適合作餐與餐之間的小食或甜點，而甜度可自行調較。煮紅豆的秘訣是，洗乾淨後直接大火煮40至45分鐘，當它爆口立刻蓋上焗30分鐘，便可以保持紅豆外面完整，但內裏鬆軟。

# 附錄 1. 日常食物熱量及運動量換算表

☹ 高脂肪　💣 高糖份　1両 = 40克　1安士 = 28克

| 飯、粉、麵、麥片類 | 份量 | 熱量(卡路里) | 相對跑步量(分鐘) |
|---|---|---|---|
| 白飯 | 1 中碗 | 234 | 33 |
| ☹ 炒飯 | 1 中碗 | 464 | 66 |
| 白粥 | 1 中碗 | 88 | 13 |
| 皮蛋瘦肉粥 | 1 中碗 | 154 | 22 |
| 柴魚花生粥 | 1 中碗 | 176 | 25 |
| 米粉(熟，淨) | 1 中碗 | 173 | 25 |
| ☹ 炒米粉 | 1 中碗 | 240 | 34 |
| 河粉(熟，淨) | 1 中碗 | 284 | 41 |
| 意大利粉(熟，淨) | 1 中碗 | 174 | 25 |
| 通心粉(熟，淨) | 1 中碗 | 167 | 24 |
| 上海麵(熟，淨) | 1 中碗 | 207 | 30 |
| 蛋麵(熟，淨) | 1 中碗 | 215 | 31 |
| ☹ 伊麵 | 1 個(細) | 404 | 58 |
| ☹ 即食麵 | 1 個 | 455 | 65 |
| 麥皮 (熟) | 1 中碗 | 80 | 11 |
| 早餐粟米片 | 1 中碗 | 92 | 13 |
| 全麥維(All Bran) | 1/2 中碗 | 88 | 13 |
| 維他麥(Weetabix) | 2 件 | 102 | 15 |
| 雲吞麵 | 1 客 | 450 | 64 |
| 魚蛋湯河 | 1 客 | 450 | 64 |
| 雜錦海鮮烏冬 | 1 客 | 410 | 58 |
| 雪菜肉絲湯米 | 1 客 | 350 | 50 |
| 冬瓜粒湯飯 | 1 客 | 590 | 84 |
| 白切雞飯 | 1 客 | 940 | 134 |
| 叉燒飯 | 1 客 | 1000 | 143 |
| ☹ 餐肉蛋即食麵 | 1 客 | 680 | 97 |
| ☹ 鳳爪排骨飯 | 1 客 | 820 | 117 |
| ☹ 乾炒牛河 | 1 客 | 970 | 139 |
| ☹ 乾燒伊麵 | 1 客 | 1300 | 185 |
| ☹ 星洲炒米 | 1 客 | 1100 | 157 |
| ☹ 豉椒排骨炒麵 | 1 客 | 1150 | 214 |

| 麵包、餅乾、蛋糕類 | 份量 | 熱量(卡路里) | 相對跑步量(分鐘) |
|---|---|---|---|
| 方包(三文治連邊) | 1 片 | 125 | 18 |
| 生命麵包(連邊) | 1 片 | 73 | 10 |
| 鹹餐包 | 1 個 | 169 | 24 |
| 提子包 | 1 個(細) | 180 | 25 |
| 排包 | 1 片 | 106 | 15 |
| 饅頭 /花卷 | 1 個 | 116 | 17 |
| ☹💣 菠蘿包 | 1 個 | 362 | 52 |
| ☹💣 雞尾包 | 1 個 | 221 | 32 |
| ☹💣 椰絲奶油包 | 1 個 | 440 | 63 |
| ☹💣 叉燒餐包 | 1 個 | 232 | 33 |
| ☹ 腸仔包 | 1 個 | 255 | 36 |
| ☹ 牛角包 | 1 個 | 207 | 30 |
| ☹ 油條 | 1 孖 | 481 | 69 |
| ☹💣 煎堆 | 1 個 | 385 | 55 |
| 克力架 | 1 塊 | 35 | 5 |
| 梳打餅 | 1 塊 | 25 | 4 |
| 馬利餅 | 1 塊(大) | 28 | 4 |
| ☹ 消化餅 | 1 塊(大) | 71 | 10 |
| ☹💣 雪芳 /紙包蛋糕 | 1 件 | 216 | 31 |
| ☹💣 蛋撻 | 1 個 | 220 | 31 |
| ☹ 雞批 | 1 個 | 359 | 51 |
| ☹💣 瑞士卷 | 1 件 | 296 | 42 |
| ☹💣 藍莓鬆餅 | 1 個 | 313 | 45 |

| 蔬菜類 | 份量 | 熱量(卡路里) | 相對跑步量 (分鐘) |
|---|---|---|---|
| 白菜仔(灼) | 1 中碗 | 20 | 3 |
| 白菜仔(炒) | 1 中碗 | 88 | 13 |
| 西蘭花(灼) | 1 中碗 | 44 | 6 |
| 生菜(灼) | 1 中碗 | 10 | 1 |
| 椰菜(灼) | 1 中碗 | 32 | 5 |
| 節瓜(水煮) | 1 中碗 | 36 | 5 |
| 粟米(焓) | 1 條 | 83 | 12 |
| 草菇(罐頭，不連水) | 1 中碗 | 42 | 6 |
| 冬菇(熟) | 1 中碗 | 81 | 12 |
| 南瓜(水煮) | 1 中碗 | 49 | 7 |
| 薯仔(連皮焗) | 1 個(中) | 220 | 31 |
| 蕃薯(連皮焓) | 1 個(中) | 209 | 30 |

| 魚、肉、家禽、蛋類 | 份量 | 熱量(卡路里) | 相對跑步量（分鐘） |
|---|---|---|---|
| 瘦豬肉 | 3 両 | 213 | 30 |
| 豬扒 | 3 両 | 317 | 45 |
| 豬柳 | 3 両 | 144 | 21 |
| 火腿 | 1 片 | 99 | 14 |
| 瘦叉燒 | 3 両 | 337 | 48 |
| ☺ 肥豬肉 | 3 両 | 956 | 136 |
| ☺ 半肥瘦豬肉 | 3 両 | 474 | 68 |
| ☺ 排骨 | 3 両 | 334 | 48 |
| ☺ 午餐肉 | 1 片(50 克) | 115 | 16 |
| ☺ 腸仔 | 1 條 | 87 | 12 |
| ☺ 燒肉 | 3 両 | 380 | 54 |
| ☺ 臘腸 | 3 両 | 701 | 100 |
| 瘦牛肉 | 3 両 | 127 | 18 |
| 瘦牛仔肉 | 3 両 | 130 | 19 |
| 牛筋 | 3 両 | 181 | 26 |
| 免治牛肉 | 3 両 | 212 | 30 |
| ☺ 半肥瘦牛肉 | 3 両 | 232 | 33 |
| ☺ 牛柳 | 3 両 | 266 | 38 |
| ☺ 鹹牛肉 | 3 両 | 238 | 34 |
| 瘦羊肉 | 3 両 | 143 | 20 |
| 羊後腿肉 | 3 両 | 122 | 17 |
| ☺ 半肥瘦羊扒 | 3 両 | 397 | 57 |
| 火雞(去皮) | 3 両 | 192 | 27 |
| 雞胸(去皮) | 3 両 | 133 | 19 |
| 雞肉(去皮) | 3 両 | 152 | 22 |
| ☺ 雞肉(連皮) | 3 両 | 193 | 39 |
| ☺ 炸雞翼 | 1 隻(1 1/2両) | 178 | 25 |
| 燒鴨 (去皮) | 3 両 | 241 | 34 |
| 鴨胸(去皮) | 3 両 | 148 | 21 |
| ☺ 燒鴨 (連皮) | 3 両 | 485 | 69 |
| 燒鵝(去皮) | 3 両 | 286 | 41 |
| ☺ 燒鵝 (連皮) | 3 両 | 347 | 50 |
| ☺ 鵝肝 | 3 両 | 155 | 22 |
| 大魚腩(蒸熟，去骨) | 3 両 | 112 | 16 |
| 罐頭吞拿魚(水浸) | 2 両 | 104 | 15 |
| ☺ 罐頭吞拿魚(油浸) | 2 両 | 153 | 22 |
| 鮕魚(熟) | 3 両 | 138 | 20 |
| 白灼蝦 | 3 両 | 119 | 17 |
| 蜆 | 10 隻(細) | 141 | 20 |
| 龍蝦(熟) | 3 両 | 83 | 12 |
| 三文魚(熟) | 3 両 | 155 | 22 |
| 魚翅 | 3 両 | 209 | 30 |
| 海參 | 3 両 | 85 | 12 |
| 青口 | 4 隻(大) | 146 | 21 |
| 蟹肉(去膏，熟) | 3 両 | 82 | 12 |
| 帶子(熟) | 3 両 | 119 | 17 |
| 海蜇 | 3 両 | 40 | 6 |
| 烚蛋 | 1 隻 | 74 | 11 |
| 雞蛋白 | 1 隻(大) | 17 | 2 |
| ☺ 煎雞蛋 | 1 隻 | 118 | 17 |

| 乾豆及豆製品 | 份量 | 熱量(卡路里) | 相對跑步量(分鐘) |
|---|---|---|---|
| 豆腐 | 100 克(1/3磚) | 81 | 12 |
| 素雞 | 100 克 | 192 | 27 |
| 豆腐乾 | 100 克 | 140 | 20 |
| ☺ 豆腐泡 | 6 個 | 316 | 45 |
| ☺ 枝竹 | 100 克 | 489 | 70 |
| ☺ 炸豆腐 | 100 克 | 271 | 39 |
| 豆腐花 (甜) | 1 碗 | 160 | 23 |
| 黃豆(熟) | 1 碗(172克) | 298 | 43 |
| 紅腰豆(熟) | 1 碗(177克) | 225 | 32 |
| 眉豆(熟) | 1 碗(172克) | 227 | 32 |
| 罐頭茄汁豆 | 1 碗(253克) | 266 | 38 |

| 水果 | 份量 | 熱量(卡路里) | 相對跑步量(分鐘) |
|---|---|---|---|
| 蘋果 | 1 個(中) | 95 | 14 |
| 橙 | 1 個(中) | 62 | 9 |
| 橙汁(無加糖) | 1 杯 | 112 | 16 |
| 雪梨 | 1 個 | 58 | 8 |
| 布冧 | 1 個 | 75 | 11 |
| 香蕉 | 1 隻(中) | 105 | 15 |
| 皇帝蕉 | 1 隻 | 31 | 4 |
| 西瓜 | 1 碗(中) | 46 | 7 |
| 木瓜 | 1 碗(中) | 55 | 8 |
| 提子 | 10 粒 | 33 | 5 |
| 車厘子 | 10粒 | 44 | 6 |
| 士多啤梨 | 10 粒(中) | 38 | 5 |
| 芒果 | 1 個(中) | 135 | 19 |
| 奇異果 | 1 個 | 46 | 7 |

| 奶及奶製品 | 份量 | 熱量(卡路里) | 相對跑步量(分鐘) |
|---|---|---|---|
| 脫脂奶 | 1 杯(240 毫升) | 90 | 13 |
| 低脂奶 | 1 杯(240 毫升) | 121 | 17 |
| ☹ 全脂奶 | 1 杯(240 毫升) | 150 | 21 |
| ☹ 淡奶 | 1/3 杯(80 毫升) | 126 | 18 |
| ☹💧✳ 煉奶 | 1/3 杯(80 毫升) | 370 | 53 |
| ☹ 全脂芝士 | 1 片 | 65 | 9 |
| 脫脂芝士 | 1 片 | 30 | 4 |
| ☹💧✳ 雪糕(雲呢拿) | 2 球 | 205 | 29 |

| 其他飲品 | 份量 | 熱量(卡路里) | 相對跑步量(分鐘) |
|---|---|---|---|
| 清水 | 1 杯(240 毫升) | 0 | 0 |
| 清茶 | 1 杯(240 毫升) | 1 | 0 |
| 淨咖啡(無糖無奶) | 1 杯(240 毫升) | 1 | 0 |
| 淨檸檬水 / 茶(無糖) | 1 杯(240 毫升) | 1 | 0 |
| 梳打水 | 1 杯(240 毫升) | 0 | 0 |
| ☹ 港式奶茶 / 咖啡（無糖） | 1 杯(240 毫升) | 90 | 13 |
| ☹💧✳ 港式凍奶茶 | 1杯(300毫升) | 130 | 19 |
| 💧✳ 菠蘿冰 | 1杯(300毫升) | 160 | 23 |
| ☹💧✳ 紅豆冰 | 1杯(300毫升) | 260 | 37 |
| 💧✳ 盒裝檸檬茶 | 1 盒(250 毫升) | 138 | 20 |
| 💧✳ 普通汽水 | 1 罐(355 毫升) | 150 | 21 |
| 健怡(代糖)汽水 | 1 罐(355 毫升) | 4 | 0 |
| 益力多 | 1 瓶(100 毫升) | 70 | 10 |
| 維他奶 | 1 盒(250 毫升) | 120 | 17 |
| 鈣思寶 | 1 盒(250 毫升) | 95 | 14 |
| 💧✳ 葡萄適 | 1 樽(275 毫升) | 198 | 28 |
| 💧✳ 利賓納 | 1 樽(500 毫升) | 252 | 36 |
| 💧✳ 好立克 | 4 滿茶匙(27克) | 106 | 15 |
| 蔬菜汁 | 1罐(340 毫升) | 70 | 10 |
| 番茄汁 | 1罐(340 毫升) | 63 | 9 |
| ☹💧✳ 台式珍珠奶茶 | 1杯(600毫升) | 468 | 66 |
| ☹💧✳ 芋香奶茶 | 1杯(600毫升) | 444 | 63 |
| ☹💧✳ 芝士奶蓋飲品 | 1杯(600毫升) | 342 | 49 |
| 💧✳ 蜂蜜綠茶 | 1杯(600毫升) | 174 | 25 |

| 脂肪及油類 | 份量 | 熱量(卡路里) | 相對跑步量（分鐘） |
|---|---|---|---|
| ☹ 牛油 | 1 湯匙 | 100 | 14 |
| ☹ 植物牛油 | 1 湯匙 | 100 | 14 |
| ☹ 豬油 | 1 湯匙 | 125 | 18 |
| ☹ 花生油 / 粟米油 | 1 湯匙 | 125 | 18 |
| ☹ 沙律醬 | 1 湯匙 | 60 | 9 |
| ☹ 花生醬 | 1 湯匙 | 140 | 20 |

| 中式點心 | 份量 | 熱量(卡路里) | 相對跑步量（分鐘） |
|---|---|---|---|
| 蝦餃 | 1 件 | 48 | 7 |
| 燒賣 | 1 件 | 58 | 8 |
| 素餃 | 1 件 | 46 | 7 |
| 雞扎 | 1 件 | 105 | 15 |
| 雞包仔 | 1 個 | 120 | 17 |
| 齋腸粉 | 1 條 | 69 | 10 |
| 鮮蝦腸粉 | 1 條 | 69 | 10 |
| 牛肉腸粉 | 1 條 | 83 | 12 |
| ☹ 山竹牛肉 | 1 件 | 90 | 13 |
| ☹ 排骨 | 1 碟 | 250 | 35 |
| ☹ 鳳爪 | 1 碟 | 180 | 26 |
| ☹ 潮州粉果 | 1 件 | 89 | 13 |
| ☹ 小籠包 | 1 個 | 84 | 12 |
| ☹ 叉燒包 | 1 個 | 130 | 19 |
| ☹💧 蓮蓉包 | 1 個 | 170 | 24 |
| ☹ 煎蘿蔔糕 | 1 件 | 100 | 14 |
| ☹ 芋角 | 1 件 | 170 | 24 |
| ☹ 春卷 | 1 條 | 150 | 21 |
| ☹ 珍珠雞 | 1 隻 | 210 | 30 |
| ☹💧 馬拉糕 | 1 件 | 350 | 50 |
| ☹💧 楊枝甘露 | 1 客 | 200 | 29 |
| 💧 紅豆沙 | 1 客 | 230 | 33 |

| 快餐店食物 | 份量 | 熱量(卡路里) | 相對跑步量(分鐘) |
|---|---|---|---|
| 漢堡包 | 1 個 | 260 | 37 |
| ☹ 芝士漢堡包 | 1 個 | 310 | 44 |
| 煙肉蛋漢堡包 | 1 個 | 290 | 41 |
| ☹ 豬柳蛋漢堡包 | 1 個 | 370 | 53 |
| ☹ 巨無霸 | 1 個 | 560 | 80 |
| ☹ 魚柳包 | 1 個 | 440 | 63 |
| ☹ 麥樂雞 | 6 件 | 325 | 46 |
| ☹ 炸薯條 | 1包(大) | 400 | 57 |
| ☹ 蘋果批 | 1 個 | 260 | 37 |
| ☹💧 麥當勞雪糕新地 | 1 杯 | 310 | 44 |
| ☹💧 麥當勞奶昔 | 1 杯 | 370 | 53 |
| ☹ 意大利薄餅(厚底) | 1 件 | 246 | 35 |
| ☹ 意大利薄餅(薄底) | 1 件 | 199 | 28 |
| 火腿三文治 | 1 客 | 262 | 37 |
| ☹💧 西多士(加牛油/糖漿) | 1 客 | 764 | 109 |

| 酒類 | 份量 | 熱量(卡路里) | 相對跑步量(分鐘) |
|---|---|---|---|
| 啤酒 | 1 罐(355毫升) | 146 | 21 |
| 紅酒 | 1 杯(150 毫升) | 111 | 17 |
| 白酒 | 1 杯(150 毫升) | 111 | 17 |
| 拔蘭地 ／ 威士忌 | 1 小杯(30 毫升) | 105 | 15 |
| 日本米酒(Sake) | 1 小杯(60 毫升) | 78 | 11 |

| 零食類 | 份量 | 熱量(卡路里) | 相對跑步量(分鐘) |
|---|---|---|---|
| ☹ 薯片 | 1 包(細) | 268 | 38 |
| ☹💧 朱古力 | 1 排(細) | 235 | 34 |
| ☹ 果仁 | 1 安士 | 168 | 24 |
| ☹💧 夾心餅 | 3 塊 | 142 | 36 |
| 杏脯肉(無加糖) | 5 粒 | 83 | 12 |
| 梳打餅 | 1 包(3塊) | 78 | 11 |
| 栗子 | 3 粒 | 69 | 10 |
| 車厘茄 | 10 粒 | 31 | 4 |

**食物熱量含量資料來源：**

香港食物安全中心： www.cfs.gov.hk/tc_chi/nutrient

美國農業部營養資料驗測中心(USDA Nutrient Data Laboratory)： http://fdc.nal.usda.gov

新加坡健康推廣局(Singapore Health Promotion Board)： http://focos.hpb.gov.sg/eservices/ENCF

# 附錄 2. 市面上常見的較健康小食熱量營養表

■ 低糖　♦ 低脂　♣ 低鈉　✽ 豐富纖維

| 食品名稱 | 每份食用份量 | | | | | 購買地點 * |
|---|---|---|---|---|---|---|
| | 食用份量 | 熱量 (卡路里) | 脂肪 (克) | 糖 (克) | 纖維 (克) | |
| **盒裝 / 樽裝飲料 / 果汁 / 汽水 / 蔬菜汁** | | | | | | |
| ■♦♣✽ 零系可口可樂 (Coke Zero) | 1 罐 (330 毫升) | 0 | 0 | 0 | - | A-E,G-I, |
| ■♦♣✽ 健怡可口可樂 (Coke Light) | 1 罐 (330 毫升) | 0 | 0 | 0 | - | A-E,G-I, |
| ■♦♣✽ 檸檬味健怡可口可樂 (Coke Light Lemon) | 1 罐 (330 毫升) | 0 | 0 | 0 | - | A-E,G-I, |
| ■♦♣✽ 可口可樂綠色可樂 (Green Cola) | 1 罐 (330 毫升) | 2 | 0 | 0 | - | B, C, H |
| ■♦♣✽ 可口可樂 Plus | 1 支 (470 毫升) | 0 | 0 | 0 | 5 | A-E,G-I, |
| ■♦♣✽ 七喜 Light( 輕怡 ) | 1 罐 (330 毫升) | 0 | 0 | 0 | - | A-E,G-I |
| ■♦♣✽ 零系玉泉忌廉味汽水 (Cream Soda Zero) | 1 罐 (330 毫升) | 0 | 0 | 0 | - | A-D,G-I |
| ■♦♣✽ 道地極品日式烏龍茶 ( 無糖 ) | 1 支 (500 毫升) | 0 | 0 | 0 | - | A-C,E,G-I |
| ■♦♣✽ 道地極品上綠茶 ( 無糖 ) | 1 支 (500 毫升) | 0 | 0 | 0 | - | A-C,E,G-I |
| ■♦♣✽ 伊藤園無糖綠茶飲品 | 1 支 (500 毫升) | 0 | 0 | 0 | 0 | A-C,E,G-I |
| ■♦♣✽ 「淳。茶舍」大紅袍烏龍茶飲料 ( 無糖 ) | 1 支 (500 毫升) | 0 | 0 | 0 | - | A-E,G-I |
| ■♦♣✽ 「淳。茶舍」龍井綠茶飲料 ( 無糖 ) | 1 支 (500 毫升) | 0 | 0 | 0 | - | A-E,G-I |
| ■♦♣✽ 「淳。茶舍」消茶普洱茶飲料 ( 含膳食纖維 ) ( 無糖 ) | 1 支 (500 毫升) | 0 | 0 | 0 | 8 | A-E,G-I |
| ■♦♣✽ 鴻福堂無糖羅漢果飲品 | 1 支 (500 毫升) | 0 | 0 | 0 | - | A-E,G-I |
| ■♦♣✽ 鴻福堂無糖花旗參蜜飲品 | 1 支 (500 毫升) | 0 | 0 | 0 | - | A-E,G-I |
| ■♦♣✽ 零系水動樂 Aquarius Zero | 1 支 (500 毫升) | 0 | 0 | 0 | 0 | A-D,G-I |
| ■♦♣✽ 玉泉有氣水 ( 原味 / 青檸味 ) | 1 支 (410 毫升) | 0 | 0 | 0 | 0 | A-D,G-I |
| ■♦♣✽ 玉泉梳打水 | 1 罐 (330 毫升) | 0 | 0 | 0 | 0 | A-D,G-I |
| ■♦♣✽ 思樂寶 Snapple Diet 蜜桃茶 | 1 支 (480 毫升) | 0 | 0 | 0 | - | D |
| ■♦♣✽ 思樂寶 Snapple Diet 檸檬茶 | 1 支 (480 毫升) | 0 | 0 | 0 | - | D |
| ■♦♣✽ V8 100% 蔬菜汁飲料 ( 低鈉 ) | 1 細罐 (163 毫升) | 28 | 0 | 6 | 1 | A-D,H,I |
| ■♦ V8 100% 蔬菜汁飲料 | 1 細罐 (163 毫升) | 30 | 1 | 6 | 1 | A-E,H,I |
| ■♦♣✽ 和田家有機黑木耳膠原露 | 1 支 (200 毫升) | 33 | 0 | 7 | - | A-B,I |
| ■♦♣✽ R.W.Knudsen 100% 番茄汁 ( 有機 ) | 1 杯 (240 毫升) | 63 | 0 | 8 | 0 | C,H |
| ■♦♣✽ Kagome 100% 天然番茄汁 | 1 支 (280 毫升) | 62 | 0 | 9 | 3 | A-E,G,I |
| ■♦ Swiss Miss No Sugar Hot Cocoa Mix | 1 包 (16 克) | 50 | 0 | 9 | - | B,I |
| ■♦♣ Fuzetea 3 重茶底檸檬茶 ( 微糖 ) | 1 支 (500 毫升) | 43 | 0 | 10 | - | A-C,E,G-I |
| ■♦♣ Jax Coco 椰子水 | 1 盒 (330 毫升) | 66 | 0 | 10 | - | A-E, H,I |
| ■♦♣ 多樂他 (Toretal) 水份補給飲品 ( 果味 ) | 1 支 (500 毫升) | 85 | 0 | 20 | - | A-E,G-I |
| **糖果 / 香口珠 ( 無糖 )** | | | | | | |
| ■♦♣ 爽浪無糖香口珠 ( 檸蜜味 ) | 2 粒 (3 克) | 4 | 0 | 0 | - | A-I |
| ■♦♣ 益達無糖香口珠 ( 士多啤梨味 ) | 2 粒 (3 克) | 5 | 0 | 0 | - | A-I |
| ■♦♣ 利口樂檸檬香草潤喉糖 ( 不含糖份 ) | 2 粒 (8 克) | 36 | 0 | 0 | - | A-I |
| ■♦♣✽ 利口樂藍莓味香草橡皮珠 | 1/2 盒 (13 克) | 16 | 0 | 0 | 6 | A-C,G,I |
| ■♦♣✽ 樂奇樂士多啤梨潤喉軟糖 | 1/2 盒 (13 克) | 14 | 0 | 0 | 4 | A-C,G,I |
| ■♦♣ Rio 無糖薄荷糖 ( 葡萄味 ) | 4 粒 (1 克) | 4 | 0 | 0 | 0 | G |
| ■♦♣ 萬樂珠無糖薄荷糖 ( 士多啤梨味 ) | 2 粒 (1 克) | 4 | 0 | 0 | 0 | A-C,G |
| ■♦♣ 漁夫之寶不含糖份特強喉糖 | 1 粒 (1 克) | 3 | 0 | 0 | 0 | A-C,G |
| ■♦♣ 荷氏不含糖份潤喉糖 | 1 粒 (2 克) | 5 | 0 | 0 | 0 | A-C,G |
| ■♦♣ 使立消無糖檸檬味喉糖 | 1 粒 (2 克) | 5 | 0 | 0 | 0 | A-C,G |
| **牛奶** | | | | | | |
| ■♦♣ 安怡高鈣低脂牛奶 ( 倍濃 ) | 1 細盒 (110 毫升) | 48 | 2 | 4 | - | A-C,E,I |
| ■♦ Anchor 安佳脫脂牛奶 | 1 杯 (250 毫升) | 87 | 0 | 12 | - | A |

| | 食品名稱 | 每份食用份量 | | | | | 購買地點 * |
|---|---|---|---|---|---|---|---|
| | | 食用份量 | 熱量<br>(卡路里) | 脂肪<br>(克) | 糖<br>(克) | 纖維<br>(克) | |
| | 蒙牛低脂高鈣奶 | 1 盒 (250 毫升 ) | 111 | 3 | 12 | - | A,B |
| | Organic Valley-farmer Owned Milk | 1 盒 (236 毫升 ) | 110 | 3 | 12 | - | H |
| | 保利 Pauls 脫脂牛奶 | 1 杯 (250 毫升 ) | 92 | 0 | 13 | - | A-C,F,H,I |
| | 維記高鈣脫脂牛奶 | 1 盒 (236 毫升 ) | 90 | 1 | 13 | - | A-E,G-I |
| | Pura 低脂牛奶 (UHT) | 1 杯 (250 毫升 ) | 120 | 4 | 13 | - | A-E,G-I |
| | 滋味 (Cheers) 新鮮脫脂奶 | 1 杯 (250 毫升 ) | 88 | 0 | 12 | - | A-C,G,H, J |
| | 滋味 (Cheers) 高鈣較低脂鮮奶 | 1 杯 (250 毫升 ) | 125 | 5 | 13 | - | A-C,G,H, J |
| | 保利 Pauls 高鈣低脂牛奶 | 1 杯 (250 毫升 ) | 127 | 4 | 14 | - | A-C,G,H, J |
| | 牛奶公司高鈣低脂牛奶 | 1 盒 (236 毫升 ) | 120 | 3 | 15 | - | A,D |
| | 牛奶公司脫脂牛奶 | 1 盒 (236 毫升 ) | 101 | 0 | 17 | - | A,D |
| | 維他高鈣低脂牛奶 | 1 盒 (236 毫升 ) | 137 | 3 | 17 | - | A-E,G-I |
| | 維記高鈣低脂牛奶 | 1 盒 (236 毫升 ) | 139 | 4 | 17 | - | A-C,G,H |
| | 子母 ® 天然純牧高鈣較低脂牛奶飲品 | 1 杯 (250 毫升 ) | 128 | 5 | 13 | - | A-C,G,H, J |
| | 伊美特級低脂牛奶 | 1 杯 (250 毫升 ) | 115 | 4 | 12 | - | A-C,G,H, J |
| | 北海道低脂肪牛奶 | 1 杯 (250 毫升 ) | 103 | 2 | 12 | - | A-E,G-I, J |
| | 安怡護心佳高鈣低脂奶粉 ( 原味 ) | 1 份 (35 克 ) | 122 | 2 | 15 | - | A-C,G,H, J |
| | 雀巢 ® 三花 ® 栢齡 ™ 健心高鈣較低脂奶粉 | 1 份 (30 克 ) | 120 | 4 | 13 | - | A-C,G,H, J |
| | 康營樂金裝 50+ 高鈣低脂營養配方奶粉 | 1 份 (30 克 ) | 108 | 1 | 11 | - | A-C,G,H, J |
| | 桂格三效脫脂奶粉 ( 全面配方 ) | 1 份 (28 克 ) | 95 | 0 | 14 | - | A-C,G,H, J |
| | A2 成人脫脂奶粉 | 1 份 (40 克 ) | 92 | 0 | 14 | - | J |
| **牛奶替代品** | | | | | | | |
| | Blue Diamond Almond Breeze Original (Unsweetened) | 1/4 盒 (240 毫升 ) | 30 | 3 | 0 | 1 | I |
| | Dream 有機加鈣無糖米奶 | 1 杯 (240 毫升 ) | 70 | 3 | 1 | 0 | I |
| | Pro Fit Jobs Tears 無糖天然薏米奶 | 1 盒 (250 毫升 ) | 70 | 3 | 4 | - | C |
| | 鈣思寶高鈣大豆杏仁高鈣健康飲品 | 1 盒 (250 毫升 ) | 80 | 5 | 7 | - | A-E,G-I |
| | 史葛牌無添加糖有機高鈣米奶 | 1 盒 (240 毫升 ) | 152 | 2 | 20 | - | J |
| | Pure Harvest 燕麥奶 | 1 杯 (250 毫升 ) | 161 | 7 | 9 | - | D,I |
| | V Fit 低糖糙米奶 | 1 盒 (250 毫升 ) | 122 | 3 | 11 | - | C |
| | Oatly 燕麥奶 | 1 盒 (250 毫升 ) | 125 | 4 | 10 | 2 | A-D,G,I,J |
| | Rude Health 有機無麩質腰果素奶 | 1 杯 (240 毫升 ) | 70 | 5 | 1 | 0 | J |
| | Rude Health 有機無麩質榛子素奶 | 1 杯 (240 毫升 ) | 173 | 3 | 10 | 0 | J |
| | Rude Health 有機無麩質無糖杏仁素奶 | 1 杯 (240 毫升 ) | 95 | 8 | 0 | 2 | J |
| **乳酪 / 乳酪飲品** | | | | | | | |
| | 益力多 ( 低糖高纖 ) | 1 支 (100 毫升 ) | 41 | 0 | 4 | 5 | B,C,I |
| | 雀巢牛奶公司低脂純乳酪 | 1 杯 (100 毫升 ) | 57 | 2 | 6 | - | B,C,I |
| | 伊美 Emmi-Greek Yogurt(Non-fat) | 1 杯 (150 克 ) | 84 | 0 | 6 | - | A,I |
| | 伊美 Emmi 純酸奶 ( 低脂 ) | 1 杯 (100 毫升 ) | 58 | 2 | 6 | - | A,I |
| | 保利 Paul's 低脂乳酪 ( 原味 ) | 1/2 杯 (100 毫升 ) | 53 | 0 | 7 | - | A-C,I |
| | Fage 0% Fat Total Yogurt | 1 杯 (170 克 ) | 97 | 0 | 7 | - | C, E, H, I |
| | 安怡高鈣低脂乳酪 ( 原味 ) | 1 杯 (150 克 ) | 130 | 2 | 11 | - | A-C,I |
| | Meiji 低脂天然乳酪 | 1 杯 (140 克 ) | 102 | 3 | 11 | - | B,I |
| | 倍樂醇乳酪飲品 ( 藍莓 / 士多啤梨味 ) | 1 小樽 (65 毫升 ) | 36 | 1 | 3.8 | - | A-C,G,H, J |
| | 倍樂醇杏梅蜜桃乳酪飲品 | 1 小樽 (65 毫升 ) | 33 | 1 | 3.3 | - | A-C,G,H, J |
| **芝士** | | | | | | | |
| | Devondale 較低脂肪片裝芝士 | 1 片 (21 克 ) | 49 | 3 | 0 | - | B,I |
| | Philadelphia Light Spreadable Cream Cheese | 1/10 盒 (25 克 ) | 18 | 1 | 0 | - | B,I |
| | 蘭諾斯 Lemnos 較低脂菲塔乾酪 | 1 份 (30 克 ) | 79 | 5 | 0 | 0 | B,I |
| | 安怡高鈣較低脂芝士 | 1 片 (21 克 ) | 44 | 3 | 1 | 1 | B,C,E |
| | 笑牛牌 Laughing Cow Processed Cheese (Light) | 1 片 (20 克 ) | 42 | 2 | 1 | - | B-D,I |
| | 芝司樂 Chesdale 高鈣低脂片裝芝士 | 1 片 (21 克 ) | 50 | 3 | 1 | 0 | B,I |
| | 水晶農場 Crystal Farm 輕怡芝士醬 ( 蒜蓉香草味 ) | 1 粒 (19 克 ) | 30 | 2 | 1 | 0 | B |

| | 食品名稱 | 每份食用份量 | | | | | 購買地點 * |
|---|---|---|---|---|---|---|---|
| | | 食用份量 | 熱量（卡路里） | 脂肪（克） | 糖（克） | 纖維（克） | |
| ■💧 | President 片裝輕怡芝士 | 1 片 (20 克 ) | 38 | 2 | 2 | 0 | B-D,I |
| ■💧 | Bulla 原味低脂茅屋芝士 | 1/2 杯 (100 克 ) | 85 | 2 | 5 | - | B-D,I |
| 豆漿 / 豆奶飲品 | | | | | | | |
| ■💧⁂✱ | WEST SOY 有機無糖豆奶 | 1 杯 (240 毫升 ) | 90 | 5 | 1 | 4 | A-C,G-I |
| ■💧⁂ | 維他無糖純豆漿 | 1 杯 (240 毫升 ) | 60 | 4 | < 1 | - | A-C,G-I |
| ■💧⁂ | Sunrise 豆漿皇無糖豆漿 | 1 杯 (240 毫升 ) | 72 | 4 | < 1 | - | A-C,G-I |
| ■💧⁂ | 百福高鈣低糖鮮豆漿 | 1 盒 (236 毫升 ) | 104 | 5 | 10 | - | A-E,G-I |
| ■💧⁂ | 維他山水鮮豆漿 ( 低糖 ) | 1 盒 (236 毫升 ) | 90 | 2 | 10 | - | A-E,G-I |
| 💧⁂ | 酷兒 (Qoo) 荳奶 | 1 盒 (200 毫升 ) | 72 | 2 | 11 | - | A-C,I |
| ■💧⁂ | 大和豆漿 ( 低糖 ) | 1/2 支 (204 毫升 ) | 72 | 2 | 12 | - | A,B,G,I |
| ■⁂ | 維他山水低糖鮮黑荳漿 | 1 盒 (240 毫升 ) | 134 | 6 | 12 | - | A-C,G-I |
| ■💧⁂ | 維他低糖純豆漿 | 1 盒 (250 毫升 ) | 103 | 4 | 13 | - | A-E,G-I |
| ■⁂ | 鈣思寶高鈣大豆健康飲品原味 | 1 盒 (250 毫升 ) | 100 | 3 | 13 | - | A,B,E,G,I |
| ■⁂ | 鈣思寶高鈣大豆飲品黑芝麻味 / 燕麥味 | 1 盒 (250 毫升 ) | 103 | 4 | 13 | - | A,B,E,G,I |
| ■⁂ | 鈣思寶高鈣大豆植物固醇飲品原味 | 1 盒 (250 毫升 ) | 123 | 7 | 10 | - | A-E,G-I |
| ■⁂ | MARUSAN 減 45% 卡路里調製豆乳 | 1 杯 (240 毫升 ) | 82 | 5 | 2 | - | E, H, I, J |
| ■⁂ | MARUSAN 調製豆乳 | 1 杯 (240 毫升 ) | 135 | 6 | 8 | - | E, H, I, J |
| ■⁂ | 澳洲 Vitasoy 幼滑原味豆奶 | 1 杯 (240 毫升 ) | 98 | 4 | 5 | - | E, H, I, J |
| ■⁂ | Bonsoy 古法生機豆奶 | 1 杯 (240 毫升 ) | 139 | 5 | 5 | - | E, H, I, J |
| ■⁂ | Sanitarium 澳洲 So Good 荳奶 ( 原味 ) | 1 杯 (240 毫升 ) | 143 | 8 | 5 | 0.7 | J |
| ■⁂ | Sanitarium 澳洲 So Good 荳奶 ( 低脂 ) | 1 杯 (240 毫升 ) | 108 | 3 | 5 | 0 | J |
| ■⁂ | 馬玉山有機無糖燕麥豆乳 | 1 支 (360 毫升 ) | 96 | 4 | 0 | 0 | J |
| 麥皮 / 燕麥片 | | | | | | | |
| ■⁂✱ | 桂格原片大燕麥 | 1/2 碗 (35 克 ) | 129 | 3 | 0 | 4 | A-E,H,I |
| ■⁂✱ | 桂格即食燕麥片 | 1/2 碗 (35 克 ) | 129 | 3 | 0 | 4 | A-E,H,I |
| ⁂✱ | 桂格即食多穀類麥片 | 1/2 碗 (35 克 ) | 138 | 1 | 5 | 2 | A-E,H,I,J |
| ■⁂✱ | 家樂氏即食燕麥 | 1 份 (35 克 ) | 131 | 4 | 0 | 4 | A-E, H-I |
| ■⁂✱ | Bob's Red Mill 快熟全穀物燕麥片 | 1 份 (35 克 ) | 147 | 2 | 0 | 4 | C,D,H-J |
| ■⁂✱ | 點點綠有機燕麥片 | 1 份 (20 克 ) | 73 | 1 | 0 | 2.2 | J |
| ■⁂✱ | 點點綠有機即溶燕麥片 ( 大片裝 ) | 1 份 (20 克 ) | 73 | 1 | 0 | 2.2 | J |
| ■💧⁂✱ | Fifty 50 Hearty Cut Oatmeal 粒粒燕麥 | 1/2 杯 (40 克 ) | 150 | 3 | 0 | 4 | B,H,I |
| ■⁂✱ | 桂格燕麥飯 | 1 碗 (15 克 ) | 54 | 1 | 0 | 1 | A-C,H,I |
| ■⁂ | 小磨坊豆漿麥片 ( 無糖 ) | 1 碗 (1 包 )(30 克 ) | 119 | 1 | 0 | 2 | H |
| ■⁂✱ | 桂格燕麥糠 | 1/2 碗 (40 克 ) | 150 | 4 | 1 | 7 | B-E,H,I |
| ⁂✱ | 大排檔即沖全穀豆漿燕麥早餐 ( 無糖添加 ) | 1 碗 (1 包 )(38 克 ) | 148 | 3 | 2 | 5 | E |
| ✱ | 桂格即沖燕麥片 ( 香濃粟米味 ) | 1 碗 (1 包 )(42 克 ) | 148 | 4 | 3 | 4 | B,C,E,I,J |
| ✱ | 桂格即食滋補燕麥片 ( 紅棗味 ) | 1 碗 (1 包 )(35 克 ) | 140 | 2 | 8 | 3 | B,C,E,I,J |
| ✱ | 桂格即食美味燕麥片 ( 牛奶楓糖 ) | 1 碗 (1 包 )(52 克 ) | 203 | 3 | 12 | 3 | B,C,E,I,J |
| 穀麥早餐 | | | | | | | |
| ■💧⁂✱ | 寶博士 Post 利脆麥片 ( 原味 ) | 1 份 (49 克 ) | 170 | 1 | 0 | 6 | B |
| ■💧✱ | 維多麥 Weetabix 迷你燕麥 | 3/4 杯 (40 克 ) | 135 | 1 | 2 | 4 | H,I |
| 💧✱ | 維多麥 Weetabix 全麥小麥 ( 原味 ) | 2 塊 (36 克 ) | 128 | 1 | 2 | 4 | A-D,I |
| 💧 | ESSENTIAL WAITROSE 粟米片 | 1 份 (30 克 ) | 115 | < 1 | 2 | 1 | A, B, I |
| 💧✱ | 桂格 Quaker 燕麥方脆 ( 原味 ) | 20 粒 (20 克 ) | 76 | 1 | 3 | 2 | A-D,I |
| 💧✱ | 家樂氏 Kellogg's 原味玉米 | 1 份 (30 克 ) | 109 | 0 | 3 | 1 | A-D,I |
| 💧✱ | ESSENTIAL WAITROSE 麩麥片 (Branflakes) | 1 份 (30 克 ) | 108 | < 1 | 3 | 4 | A, B, I |
| 💧 | 維多麥燕麥薄脆片 (Oat Flakes) | 1 份 (30 克 ) | 120 | 2 | 4 | 2 | A-D,I |
| ⁂✱ | Dorset Cereals 簡單美味燕麥早餐 | 3/4 杯 (30 克 ) | 110 | 3 | 4 | 2 | B,C,H |
| 💧✱ | ESSENTIAL WAITROSE 麥芽片 (Malted Wheats) | 1 份 (30 克 ) | 109 | <1 | 4 | 3 | A, B, I |
| 💧✱ | 寶博士 Post 天然麥片 ( 原味 ) | 3/4 杯 (30 克 ) | 100 | 1 | 5 | 5 | B,I |
| 💧✱ | 寶博士 Post 天然麥片 ( 全麥 ) | 3/4 杯 (30 克 ) | 100 | 1 | 5 | 5 | I |

| | 食品名稱 | 每份食用份量 | | | | | 購買地點 * |
|---|---|---|---|---|---|---|---|
| | | 食用份量 | 熱量（卡路里） | 脂肪（克） | 糖（克） | 纖維（克） | |
| ♦✱ | ESSENTIAL WAITROSE 全穀物圈片 (Multrigrain Hoops) | 1份（30克） | 115 | 1 | 5 | 2 | A, B, I |
| ♦✱ | 雀巢脆殼樂 Cheerios | 1份（30克） | 113 | 1 | 6 | 2 | A-E, H-I |
| ✱ | 瑞士 Alpen 營養麥（無糖） | 3/4 杯（45克） | 158 | 2 | 7 | 4 | A-C,H,I |
| ♦ | 家樂氏 Kellogg's Special K(原味) | 1份（45克） | 165 | 1 | 8 | 1 | A-D,I |
| ♦✱ | 家樂氏 Kellogg's All Bran 全麥維 | 1份（45克） | 128 | 1 | 8 | 12 | A-E, H-I |
| ♦✱ | 家樂氏 Kellogg's Special K(Red Berries) | 1份（31克） | 110 | 0 | 9 | 3 | A-E, H-I |
| ♦✱ | 家樂氏 Kellogg's Extra Mueslix 雜錦果麥 | 1份（40克） | 144 | 0 | 10 | 2 | A-E, H-I |
| ▨✱✱ | Rude Health 水果雜錦燕麥（無提子） | 1份（30克） | 110 | 3 | 1 | 3 | J |
| ▨♦✱✱ | Rude Health 糙米爆米花 | 1份（20克） | 82 | 0 | 0 | 0 | J |

### 餅乾類

| | 食品名稱 | 食用份量 | 熱量（卡路里） | 脂肪（克） | 糖（克） | 纖維（克） | 購買地點 * |
|---|---|---|---|---|---|---|---|
| ▨♦✱ | Wasa 黑麥脆餅 | 1塊（11克） | 40 | 0 | 0 | 2 | C |
| ▨♦✱ | Wasa 多穀脆餅 | 1塊（15克） | 60 | 0 | 0 | 2 | C |
| ♦ | Gullon 無糖瑪利餅 | 2塊（12克） | 50 | 1 | 0 | < 1 | A, B, I |
| ▨ | 卡氏 Carr's 水餅 | 5塊（17克） | 69 | 1 | 0 | 1 | A-D,H,I |
| ♦ | Gullon 無糖消化餅 | 1塊（13克） | 57 | 2 | 0 | 1 | A, B, I |
| ▨ | 四洲紫菜梳打餅 | 3塊（16.7克） | 75 | 2 | 0 | 0 | A-C,E-I |
| ▨✱ | 雅樂思 Arnott's 維他小麥餅乾（9種穀類） | 4塊（23.2克） | 87 | 2 | 0 | 3 | B,H,I |
| ✱✱✱ | 藍鑽石 Blue Diamind-nut-thins(Crafted with Muti-seeds) | 1/6 盒（20克） | 87 | 2 | 0 | 1 | E |
| ♦ | Gullon 無糖纖維餅 | 2塊（16克） | 69 | 3 | 0 | 1 | A, B, I |
| ▨✱ | 首選牌 First Choice 海苔梳打餅 | 1包（19克） | 86 | 4 | 0 | 1 | A |
| ▨✱ | 首選牌 First Choice 燕麥梳打餅 | 1包（19克） | 90 | 4 | 0 | 1 | A |
| ▨✱✱ | Momoko 5 Grains Low Salt Crackers | 4塊（23克） | 111 | 4 | 0 | 1 | A |
| ▨ | Joseph's 無糖燕麥曲奇 | 4塊（28克） | 95 | 5 | 0 | 1 | H |
| ▨ | 嘉頓多穀餅乾 | 4塊（26克） | 120 | 5 | 0 | 0 | B,I |
| ▨✱✱ | Miller's Damsel-Oat Wafer | 1塊（30克） | 131 | 5 | 0 | 3 | H |
| ▨✱ | DarVida 瑞士達維他原味全麥脆餅 | 1/2 包（21克） | 80 | 3 | 0 | 3 | B,I |
| ♦ | Bergen 無糖碎朱古力曲奇 | 1塊（20克） | 95 | 5 | 0 | - | A |
| ▨♦ | 雅樂思 Jatz 原味（輕怡） | 6塊（16克） | 70 | 1 | 1 | 1 | H |
| ▨ | Nabisco Original Premium Biscuits | 1包（20克） | 84 | 2 | 0 | - | E |
| ▨ | Van der Meulen 吐司麵包（有機） | 3塊（35克） | 102 | 2 | 1 | 2 | D,H |
| ▨ | 嘉頓西芹餅乾 | 1包（25克） | 111 | 4 | 1 | 0 | A,I |
| ▨✱✱ | Ryvita 高纖脆包 | 1/10 盒（20克） | 75 | 2 | 1 | 4 | C,I |
| ✱ | 超值牌 BESTbuy 瑪利餅 | 4塊（17克） | 76 | 2 | 3 | 0 | B,I |
| ✱ | 積及 Jacob's 高鈣蔬菜味克力架餅乾 | 6塊（20克） | 88 | 3 | 3 | 1 | B,I |
| ✱✱✱ | 特惠牌 Surebuy 水泡餅 | 1/8 包（25克） | 95 | 1 | 4 | 1 | A |
| ✱ | 特惠牌 Surebuy 瑪利餅 | 4塊（20克） | 86 | 2 | 4 | 1 | B |
| ✱ | 積及 Jacob's 高鈣原味克力架餅乾 | 6塊（20克） | 82 | 3 | 4 | 1 | B,I |
| ▨ | Rude Health 斯佩爾特小麥燕麥餅 | 1塊（20克） | 54 | 2 | 0 | 1 | J |

### 麵包

| | 食品名稱 | 食用份量 | 熱量（卡路里） | 脂肪（克） | 糖（克） | 纖維（克） | 購買地點 * |
|---|---|---|---|---|---|---|---|
| ▨♦ | 嘉頓輕怡三文治包 | 1片（40克） | 99 | 0 | 0 | - | A-C,I |
| ♦ | 嘉頓方麥包 | 1片（50克） | 124 | 2 | 1 | - | A-C,I |
| ▨♦ | 嘉頓切皮三文治方麥包 | 1片（30克） | 74 | 1 | 1 | - | A-C,I |
| ▨♦ | 高纖維生命麵包 Life Bread(Wheat) | 1片（30克） | 74 | 1 | 1 | - | A-C,I |
| ▨♦✱ | 嘉頓純麥方包 Original Whole Meal Bread | 1片（44克） | 103 | 1 | 1 | 4 | A-C, E, H, I |
| ▨♦✱ | 嘉頓 100% 全麥包 | 1片（50克） | 110 | 1 | 2 | 2 | A-C, E, H, I |
| ▨♦ | 嘉頓精選穀麥包 | 1片（50克） | 114 | 2 | 3 | - | A-C, E, H, I |
| ▨♦ | 嘉頓純麥比得包 | 1塊（65克） | 153 | 3 | 3 | 3 | A-C, E, H, I |
| ▨♦ | Roman Meal 美國原味麥包 | 1片（70克） | 95 | 1 | 4 | - | A,B,I |

### 穀麥條

| | 食品名稱 | 食用份量 | 熱量（卡路里） | 脂肪（克） | 糖（克） | 纖維（克） | 購買地點 * |
|---|---|---|---|---|---|---|---|
| ▨ | ThinkThin High Protein Bar | 1條（60克） | 240 | 9 | 0 | 1 | I |
| ✱ | KIND Bars 黑巧克力堅果和海鹽味 | 1條（40克） | 200 | 15 | 5 | 7 | B-D, G, H, I |

| 食品名稱 | 每份食用份量 | | | | | 購買地點 * |
|---|---|---|---|---|---|---|
| | 食用份量 | 熱量<br>（卡路里） | 脂肪<br>（克） | 糖<br>（克） | 纖維<br>（克） | |
| Kalbe 水果麥纖棒 | 1 條 (25 克) | 110 | 4 | 4 | 1 | B |
| Kalbe 堅果麥纖棒 | 1 條 (25 克) | 110 | 5 | 4 | 1 | B |
| Alpen-Light Bar(Summer Fruit) | 1 條 (19 克) | 64 | 1 | 4 | 4 | A-C,I |
| 積及 Jacob's 全麥克力架餅乾 | 6 塊 (30 克) | 137 | 5 | 5 | 2 | B,I |
| Soyjoy 大荳果滋棒（各種味道） | 1 條 (27 克) | 111 | 6 | 5 | 2 | A-C,E-I |
| Nature Valley Granola Bars(Apple Crisp) | 1 條 (21 克) | 80 | 3 | 5 | 1 | A-E,G,I |
| Carman's Oats, Nuts & Honey Energy Bar | 1 條 (45 克) | 193 | 8 | 5 | 3 | A-C,I |
| Alpen-Light Bar(Apple & Sultana) | 1 條 (19 克) | 63 | 1 | 5 | 4 | A-C,I |
| Nature Valley Granola Bars(Oat 'n Honey) | 1 條 (21 克) | 95 | 4 | 6 | 1 | A-E,G,I |
| Nature Valley Granola Bars(Roasted Almond) | 1 條 (21 克) | 95 | 4 | 6 | 1 | A-E,G,I |
| 盈纖巴西果仁及杏仁棒 | 1 條 (35 克) | 192 | 13 | 6 | 2 | B-D,F,G |
| Nature's Path 有機米條（巧克力味） | 1 條 (28 克) | 106 | 2 | 6 | 1 | C,D,I |
| Nature's Path 有機米條（草莓味） | 1 條 (28 克) | 111 | 3 | 6 | 1 | C,D,I |
| Nice & Natural Muesli Bar(with Apricot, Coconut, Spelt & Chia Seeds) | 1 條 (30 克) | 124 | 4 | 6 | 1 | I |
| Fitbar 水果麥纖棒 | 1 條 (25 克) | 110 | 3 | 16 | 3 | A-E,G,I,J |
| **果醬 / 糖漿 / 花生醬** | | | | | | |
| FIFTY 50 士多啤利果醬 | 1 湯匙 (17 克) | 5 | 0 | 0 | - | A,B,H |
| 盛美家橙味無糖果醬 Smucker's Sugar Free Orange Marmalade | 1 湯匙 (17 克) | 10 | 0 | 0 | 0 | A, B, H |
| Log Cabin Sugar-free Syrup | 1/4 杯 (60 毫升) | 20 | 0 | 0 | 0 | A, I |
| FIFTY 50 無添加糖脆粒花生醬 / 幼滑花生醬 | 1 湯匙 (16 克) | 95 | 8 | <1 | 2 | A,D,H |
| 喜來低糖果醬 Hero Light Jam | 1 湯匙 (19 克) | 30 | 0 | 8 | 0 | B |
| 盛美家全果醬 Smucker's Simply 100% Fruit | 1 湯匙 (19 克) | 40 | 0 | 10 | 0 | A, B H |
| 聖桃源果醬 St. Dalfour High Fruit Content Spread, Sugar Free | 1 湯匙 (19 克) | 43 | 0 | 11 | 0 | A, B H |
| Fifty 50 Reduced Calorie Maple Syrup 楓樹糖漿 | 1/4 杯 (60 毫升) | 70 | 0 | 18 | 0 | B |
| **果仁 / 乾果 / 蔬菜乾** | | | | | | |
| Nutvilla 原味核桃 | 11 粒 (28 克) | 196 | 19 | 0 | - | I |
| Sunsol 原味榛子 | 1/3 包 (30 克) | 192 | 18 | 1 | 3 | C,H |
| Natural Choice 原味杏仁 | 23 粒 (28 克) | 172 | 16 | 1 | 2 | I |
| Nutvilla 原味松子 | 2-3 湯匙 (28 克) | 202 | 20 | 1 | - | I |
| 滋味 Cheer 天然杏仁 | 1/6 包 (25 克) | 144 | 12 | 1 | 3 | B,E,G,I |
| 滋味 Cheer 天然合桃 | 1/4 包 (25 克) | 164 | 16 | 1 | 2 | B,E,G,I |
| 藍鑽石 Blue Diamind OvenRoasted Almonds(No Salt) | 23 粒 (28 克) | 167 | 15 | 1 | 3 | C,E,I |
| Be Natural 果仁條 | 1 條 (40 克) | 226 | 17 | 7 | 3 | I |
| Wel-B 全天然冷凍乾燥士多啤梨脆片（無添加糖） | 1 包 (14 克) | 53 | 0 | 8 | 0 | J |
| Wel-B 全天然冷凍乾燥甜玉米脆粒（無添加糖） | 1 包 (14 克) | 70 | 2 | 3 | 2 | J |
| Greenday 蓮藕脆片（無添加糖） | 1 包 (20 克) | 90 | 4 | 2 | 2 | J |
| Greenday 芒果脆片 | 1 包 (20 克) | 100 | 0 | 20 | 2 | J |
| Greenday 草莓香蕉脆片 | 1 包 (20 克) | 80 | 3 | 10 | 1 | J |
| 四洲甘栗 | 1 份 (50 克) | 106 | 1 | 5 | - | A,B,E,J |
| **薯片 / 米餅 / 玉米餅（建議選擇較低鈉產品）** | | | | | | |
| Realfood 粟米餅（原味） | 2 片 (12 克) | 46 | 0 | 0 | 1 | B,I |
| Terra 藍薯片 | 1/5 包 (28 克) | 130 | 6 | 0 | 3 | B,I |
| Fantastic 米餅（紫菜味） | 13-14 塊 (25 克) | 90 | 0 | 0 | - | B,E,I |
| Sunrice 薄米餅（雜錦穀物味） | 3-4 片 (24 克) | 92 | 1 | 0 | 1 | D |
| Garden of Eatin Yellow Corn Tortilla Chips | 10 塊 (28 克) | 140 | 6 | 0 | 1 | B |
| Garden of Eatin Mini Round Yellow Corn Tortilla Chips | 15 塊 (28 克) | 140 | 6 | 0 | 1 | B |
| Essential Everyday 微波爆谷 | 1/9 包 (33 克) | 170 | 10 | 0 | - | D |

| | 食品名稱 | 每份食用份量 | | | | | 購買地點 * |
|---|---|---|---|---|---|---|---|
| | | 食用份量 | 熱量<br>(卡路里) | 脂肪<br>(克) | 糖<br>(克) | 纖維<br>(克) | |
| | Scotti Risette Risoe Mais(Biologiche) | 1/3 包 (50 克) | 195 | 1 | 0 | - | E |
| | Terra 芋頭片 | 1/5 包 (28 克) | 140 | 6 | 1 | 4 | B,I |
| | Snyder's of Hanover 迷你椒鹽卷餅 | 20 塊 (30 克) | 113 | 0 | 1 | - | C,D,H,I |
| | Snyder's of Hanover 椒鹽卷餅 ( 蜜糖芥末洋蔥味 ) | 1/3 杯 (28 克) | 121 | 3 | 1 | - | C-E,H,I |
| | Snyder's of Hanover Mini Pretzels | 1 包 (43 克) | 156 | 1 | 1 | 1 | B,D,I |
| | Rold Gold Pretzels(Thins and Original) | 9 塊 (28 克) | 110 | 1 | 1 | - | B,I |
| | Sensible Portions Garden Veggie Chips(Sea Salt) | 1 包 (28 克) | 130 | 7 | 1 | 1 | B,I |
| | Fantastic Rice Crackers(Cheese Flavor) | 1/4 包 (25 克) | 109 | 3 | 1 | 0 | E,I |
| | ALLRITE 有機黑穀米餅 ( 紫香米、黑米、亞麻籽、黑芝麻 ) | 1 份 (20 克) | 80 | 1 | 0 | 3 | J |
| | ALLRITE 有機三穀米餅 ( 糙米、紅米、綠豆 ) | 1 份 (19 克) | 80 | 1 | 0 | 3 | J |
| | BioAsia 泰國有機糙米海鹽及醋脆餅 | 1 份 (15 克) | 56 | 1 | 0 | - | J |
| | Rude Health 有機燕麥和斯佩爾特小麥脆餅 | 1 塊 (10 克) | 24 | 0 | 0 | 1 | J |
| | Rude Health 有機蕎麥及奇亞籽脆餅 | 1 塊 (10 克) | 29 | 1 | 0 | 1 | J |
| | Seapoint Farms 芥末脆豆 | 1 份 (30 克) | 130 | 4 | 1 | 7 | J |
| | Quest 蛋白薯片 ( 車打芝士酸忌廉味 ) | 1 包 (32 克) | 130 | 4 | 0 | 2 | J |
| | Rude Health 黑豆粟米片 | 1 包 (30 克) | 118 | 3 | 1 | 4 | J |
| **麵食** | | | | | | | |
| | 桂格燕麥通心粉 | 1 份 (75 克) | 271 | 3 | 2 | 2 | A-C,E,I,J |
| | 桂格燕麥意粉 | 1 份 (75 克) | 271 | 3 | 2 | 2 | A-C,E,I,J |
| | 孔雀牌東莞米粉 | 1 個 (160 克) | 555 | 0 | 0 | - | A-C,E,I |
| | ACE 讚岐烏冬 | 1/4 包 (200 克) | 248 | 0 | 0 | - | B,D,I |
| | PFALZ NUDEL 兔形意大利麵 | 1/5 包 (50 克) | 183 | 1 | 0 | - | B,I |
| | 御品皇即食烏冬 | 1 包 (200 克) | 126 | 1 | 1 | 1 | A,C,I |
| | 壽桃牌生麵王 ( 鮑魚雞肉味 ) | 1 個 (75 克) | 282 | 5 | 1 | 7 | A-C,E,H,I |
| | 壽桃牌兒童麵 ( 南瓜麵 ) | 1/6 包 (43 克) | 143 | 0 | 1 | 0 | B,E,I |
| | 壽桃牌兒童麵 ( 番茄麵 ) | 1/6 包 (43 克) | 143 | 0 | 1 | 0 | B,E,I |
| | 維家牌 Vetta 雜菜螺絲粉 | 1/5 包 (75 克) | 266 | 2 | 1 | 3 | B,I |
| | Barilla 百味雅三色直通粉 | 1/5 包 (100 克) | 355 | 2 | 1 | 3 | B,I |
| | 壽桃牌中華拉麵 ( 鮑魚雞湯味 ) | 1 包 (180 克) | 323 | 5 | 2 | 3 | A,B,I |
| | Delverde 鳥巢寬扁菠菜粗麵 | 1/5 包 (50 克) | 174 | 1 | 2 | 2 | B,D,I |
| | 樂家 Colavita 三色螺絲粉 | 1/5 包 (100 克) | 348 | 1 | 2 | - | B,I |
| | 佳之選 Select 日式綠茶麵 | 1/3 包 (100 克) | 341 | 1 | 3 | 4 | B |
| | 佳之選 Select 蕎麥麵 | 1/5 包 (100 克) | 350 | 3 | 3 | 2 | B |
| | ALCE NERO 有機三色螺絲粉 | 1/5 包 (100 克) | 346 | 1 | 3 | 4 | B,I |
| | 出前一丁通心寶 ( 海鮮鮑魚味 ) | 1 包 (90 克) | 320 | 5 | 4 | - | B,C,E,I |
| | 戴維娜 Divella 三色意大利粉 | 1/5 包 (100 克) | 356 | 2 | 4 | 2 | A,B,I |
| | 樂家 Colavita 三色蜆殼粉 | 1/5 包 (100 克) | 359 | 1 | 4 | - | B,E,I |
| | Barilla 百味雅字母粉 | 1/5 包 (100 克) | 353 | 2 | 4 | 3 | B,I |
| | 日清合味道樂怡杯麵香辣海鮮味 | 1 份 (69 克) | 199 | 4 | 5 | 13 | A-E, H-J |
| | 日清春雨粉絲韓式風味泡菜味 | 1 份 (43 克) | 140 | 1 | 3 | - | A-E, H-J |
| | 日清春雨粉絲 ( 越式雞肉味 ) | 1 杯 (48 克) | 151 | 1 | 4 | - | A-C,G,I |

\* 購買地點

| A | 一般超市 ( 惠康、百佳、U 購 ) | F | 屈臣氏、萬寧 |
|---|---|---|---|
| B | 百佳超級廣場 | G | 一般便利店 (7-11、Circle K) |
| C | Marketplace | H | Three Sixty |
| D | City Super | I | Taste/Great |
| E | AEON | J | HKTV Mall |

# 附錄 3. 治療肥胖症、健康飲食及運動資訊相關網址

| 本地機構及組織 |
| --- |
| 衛生署 Department of Health<br>www.dh.gov.hk |
| 星級有營食肆 EatSmart Restaurant<br>http://restaurant.eatsmart.gov.hk |
| 香港運動是良藥 Exercise is Medicine Hong Kong<br>www.eim.hk |
| 香港肥胖醫學會 Hong Kong Association for the Study of Obesity<br>www.hkaso.org |
| 香港營養師協會 Hong Kong Dietitians Association<br>www.hkda.com.hk |
| 香港醫院管理局 Hong Kong Hospital Authority<br>www.ha.org.hk |
| 香港營養學會 Hong Kong Nutrition Association<br>www.hkna.org.hk |
| 香港代謝及減重外科醫學會 Hong Kong Society for Metabolic and Bariatric Surgery<br>http://hksmbs.org |
| 幼營喜動校園 StartSmart@school.hk<br>www.startsmart.gov.hk |

| 國際機構及組織 |
| --- |
| 美國營養及營養治療學院 Academy of Nutrition and Dietetics<br>www.eatright.org |
| 亞太區肥胖醫學會 Asia Oceania Association for the Study of Obesity<br>www.aoaso.org |
| 英國營養師協會 British Dietetic Association<br>www.bda.uk.com |
| 英國營養基金會 British Nutrition Foundation<br>www.nutrition.org.uk |
| 澳洲營養師協會 Dietitians Association of Australia<br>http://daa.asn.au |
| 加拿大營養師協會 Dietitians of Canada<br>www.dietitians.ca |
| 歐洲肥胖醫學會 European Association for the Study of Obesity<br>http://easo.org |
| 國際減重及代謝手術聯會 International Federation for the Surgery of Obesity and Metabolic Disorders<br>www.ifso.com |
| 世界肥胖醫學聯會 World Obesity Federation<br>www.worldobesity.org |
| 美國政府農業部營養資訊 United States Department of Agriculture - Nutrition.gov<br>www.nutrition.gov/diet-and-health-conditions/overweight-and-obesity |

# 小學生及兒童圖書系列

## 歡樂無窮——
## 小學生骰仔學數學

作者：鄭永健
頁數：168頁全彩
書價：HK$118、NT$450

## 高小學生英文寫作
## Get Set Go！

頁數：160頁
書價：HK$88、NT$350

## 小學生學Grammar——
## 圖解教程和練習
## （句子文法）

作者：李雪熒
頁數：112頁
書價：HK$88、NT$350

## 小學生學Grammar——
## 圖解教程和練習
## （詞語文法）

作者：李雪熒
頁數：112頁
書價：HK$88、NT$350

## 他們的童畫世界

作者：Andyan Pang
　　　（彭彭老師）
頁數：144頁全彩
書價：HK$98、NT$390

## 飛飛做夢遊世界

作者：Andyan Pang
　　　（彭彭老師）
頁數：128頁全彩
書價：HK$98、NT$390

## 小理財大經濟——
## 小學生的趣致財務
## 智慧

作者：李雪熒、謝燕舞
頁數：104頁全彩
書價：HK$68、NT$290

## 激發兒童大腦潛能——
## 動物摺紙

作者：Annie Lam姐姐
頁數：112頁
書價：HK$88、NT$350

## 小學生學速成倉頡——
## 教程與練習(全新修訂版)

作者：王曉影
頁數：104頁
書價：HK$88、NT$350

## 我的第一本經典
## 英文100童詩
## （修訂版）

作者：王曉影、李雪熒、
　　　葉芷瑩
頁數：208頁
書價：HK$88、NT$390

## 九型人格教子心法
## （修訂版）

作者：彭文、單一明
頁數：232頁
書價：HK$98、NT$390

## 新奇好看親子故事——
## 50個反思成就孩子

作者：單一明、李雪熒
頁數：104頁
書價：HK$78、NT$350

## （金牌）營養師的糖尿病甜美食譜

作者：張翠芬(註冊營養師)、
　　　林思為(註冊營養師)
頁數：192頁全彩
書價：HK$88、NT$350

## （金牌）營養師的抗膽固醇私房菜

作者：張翠芬(註冊營養師)、
　　　林思為(註冊營養師)、
　　　劉碧珊(註冊營養師)
頁數：172頁全彩
書價：HK$88、NT$350

## 營養進補坐月食譜

作者：徐思濠(註冊中醫師)、
　　　胡美怡(註冊營養師)
頁數：176頁全彩
書價：HK$78、NT$390

## 營養師素食私房菜

作者：林思為(註冊營養師)、
　　　簡婉雯(註冊營養師)
頁數：160頁全彩
書價：HK$78、NT$390

## 營養師低卡私房菜

作者：林思為(註冊營養師)、
　　　黃思敏(註冊營養師)
頁數：168頁全彩
書價：HK$78、NT$390

## 排毒美容中醫湯水

作者：徐思濠(註冊中醫師)
頁數：136頁全彩
書價：HK$78、NT$299

## （金牌）營養師的瘦身私房菜

作者：張翠芬(註冊營養師)、
　　　林思為(註冊營養師)
頁數：160頁全彩
書價：HK$98、NT$390

## （金牌）營養師的小學生午餐便當

作者：張翠芬(註冊營養師)、
　　　林思為(註冊營養師)
頁數：144頁全彩
書價：HK$78、NT$350

## 0-2歲快樂寶寶食譜 & 全方位照護手冊

作者：張翠芬(註冊營養師)、
　　　林思為(註冊營養師)、
　　　鄭碧純(兒科專科醫生)
頁數：160頁全彩
書價：HK$68、NT$299

## 懷孕坐月營養師食譜

作者：張翠芬(註冊營養師)、
　　　林思為(註冊營養師)、
　　　簡婉雯(註冊營養師)
頁數：160頁全彩
書價：HK$68、NT$350

## 輕鬆抗癌營養師食譜

作者：基督教聯合那打素社康服務(註冊營養師)
頁數：208頁全彩
書價：HK$78、NT$299

## 營養師的輕怡瘦身甜品

作者：基督教聯合那打素社康服務(註冊營養師)
頁數：136頁全彩
書價：HK$78、NT$390

# 《（金牌）營養師的瘦身私房菜》

編著：張翠芬（美國註冊營養師）、林思為（澳洲註冊營養師）
攝影：傅穎鈿
版面設計：李美儀
責任編輯：蘇飛、高家華

出版：跨版生活圖書出版
地址：新界荃灣沙咀道11-19號達貿中心211室
電話：3153 5574　傳真：3162 7223
專頁：http://www.facebook.com/crossborderbook
網站：http://www.crossborderbook.net
電郵：crossborderbook@yahoo.com.hk

發行：泛華發行代理有限公司
地址：香港新界將軍澳工業邨駿昌街7號星島新聞集團大廈
電話：2798 2220　傳真：2796 5471
網址：http://www.gccd.com.hk
電郵：gccd@singtaonewscorp.com

台灣總經銷：永盈出版行銷有限公司
地址：231新北市新店區中正路499號4樓
電話：(02) 2218 0701　傳真：(02) 2218 0704

印刷：鴻基印刷有限公司

出版日期：2020年7月第1次印刷
定價：HK$98　NT$390
ISBN：978-988-78897-6-2

出版社法律顧問：勞潔儀律師行

## 讀者意見調查表（七五折購書）

為使我們的出版物能更切合您的需要，請填寫以下簡單8題問卷（可以影印），交回問卷的讀者可以七五折郵購本社出版的圖書，**郵費及手續費全免** (只限香港地區)。

請在以下相應的□內打「✓」：

1. 基本資料

性別：□男　□女

年齡：□18歲以下　□18-28歲　□29-35歲　□36-45歲　□46-60歲　□60歲以上

學歷：□碩士或以上　□大學或大專　□中學　□初中或以下

職業：＿＿＿＿＿＿＿＿＿

一年內買書次數：1次或以下□　2-5次□　6次或以上□

2. 您在哪裏購得本書《(金牌)營養師的瘦身私房菜》：

□書店　□郵購　□便利店　□贈送　□書展　□其他＿＿＿＿＿

3. 您選購本書的原因（可多選）：

□價錢合理　□印刷精美　□內容豐富　□封面吸引　□題材合用　□資料更新
□其他＿＿＿＿＿

4. 您認為本書：□非常好　□良好　□一般　□不好

5. 您對本書的改善意見/建議：＿＿＿＿＿＿＿＿＿＿＿＿＿＿＿＿＿＿＿＿＿

6. 您對跨版生活圖書出版社的認識程度：□熟悉　□略有所聞　□從沒聽過

7. 請建議本社出版的題材（任何類別都可以）＿＿＿＿＿＿＿＿＿＿＿＿＿＿

8. 其他意見和建議(如有的請填寫)：＿＿＿＿＿＿＿＿＿＿＿＿＿＿＿＿＿＿

## 七五折購書表格

請選購以下圖書：（全部75折）

□《(金牌)營養師的抗膽固醇私房菜》　（原價：HK$88 折實$66）　＿＿ 本
□《(金牌)營養師的糖尿病甜美食譜》　（原價：HK$88 折實$66）　＿＿ 本
□《(金牌)營養師的小學生午餐便當》　（原價：HK$78 折實$58.5）　＿＿ 本
□《營養師低卡私房菜》　（原價：HK$68 折實$51）　＿＿ 本
□《出走近郊五湖北關東Easy Go!──東京周邊》　（原價：HK$108 折實$81）　＿＿ 本
□《廣島岡山 山陽地區》　（原價：HK$98 折實$73.5）　＿＿ 本
□《　　　　　　　　》　＿＿ 元　＿＿ 本

共選購＿＿＿＿ 本，總數（HK$）：＿＿＿＿＿＿＿＿＿＿

（其他可選圖書見背頁，詳情請瀏覽：http://www.crossborderbook.net）

（訂購查詢可致電：3153 5574）

本社根據以下地址寄送郵購圖書（只接受香港讀者）：

姓名：＿＿＿＿＿＿＿＿＿＿＿＿ 聯繫電話#：＿＿＿＿＿＿＿＿＿＿＿

電郵：＿＿＿＿＿＿＿＿＿＿＿＿＿＿＿＿＿＿＿＿＿＿＿＿＿＿

地址：＿＿＿＿＿＿＿＿＿＿＿＿＿＿＿＿＿＿＿＿＿＿＿＿＿＿

#聯絡電話必須填寫，以便本社確認收件地址無誤，如因無法聯絡而郵寄失誤，本社恕不負責。

請把問卷傳真至31627223或寄至「荃灣郵政局郵政信箱1274號 跨版生活圖書出版有限公司收」。

* 購書方法：請把表格剪下，連同存款收據/劃線支票（不接受期票）郵寄至「荃灣郵政局郵政信箱1274號 跨版生活圖書出版有限公司收」。或把表格及存款收據傳真至31627223（只限銀行存款方式付款）。收到表格及款項後本社將於五個工作天內將圖書以平郵寄出。

* 付款方式：
(1)請將款項存入本社於匯豐銀行戶口：033-874298-838
(2)支票抬頭請寫：「跨版生活圖書出版」或「Cross Border Publishing Company」。

*此問卷結果只供出版社內部用途，所有個人資料保密，並於使用後銷毀。

（影印本有效）

新界荃灣郵政局
郵政信箱1274號
「跨版生活圖書出版有限公司」收

## 圖書目錄